ジオパークと伝説

花部英雄 Hanabe Hideo 編

三弥井書店

『ジオパークと伝説』目次

刊行に寄せて

山陰海岸ジオパークの世界

谷本　勇

山陰海岸ジオパークとは、日本海形成に伴ってできた多様な地形・地質と風土の中で展開されている人々の暮らしを楽しむ大地の公園です。ここでは、さまざまな大地の上に広がる動植物や生態系の中で、人々が生活し、文化や産業などを築き、歴史を育《はぐく》んできたことを知るとともに、それぞれの関係を楽しみながら学び、体験する公園です。

その意味において、ジオパークエリア（地域）内のそれぞれの場所で、人々がどのような歴史や文化を背景として暮らしてきたかを研究することは、まさにジオパークを学び、楽しむことにつながり、研究から得られた成果は、それぞれの地域の特徴を一層《いっそう》生き生きと輝かせる物語を提供してくれることと思います。

「山陰海岸ジオパーク」は、日本海沿岸一帯に伝わる大陸文化伝来の地として、丹後の「浦島伝説」、但馬《たじま》の「天日槍伝説《あめのひぼこでんせつ》」、因幡《いなば》の「白兎伝説《はくとでんせつ》」など「神話」や「伝説」が多く残されている地域です。沿岸部の一帯では石器や土器、古墳など多くの遺物、遺跡が発見されていて、それらから大陸文化との関係を知ることもできます。

最近では、沿岸部に大量の漂流物やゴミなどが漂着する実態から、古代の渡来人《とらいじん》たちも対馬《つしま》海流に乗り、船で容易に日本海を渡ってきたのではないかと想像ができます。さて、ジオパークについて申し上げますと、世界ユネスコジオパークは二〇一五年一一月一七日、第三八回ユネスコ総会において正式なプログラムとなりました。二〇一七年五月現在、世界三五カ国、一二七地域に世界ユネスコジオパークがあり、そのうち八地域が日本にあり、山陰海岸ジオパークはその一つです。

「ジオパーク」とは、「地球・大地（ジオ：Geo）」と「公園（パーク：Park）」とを組み合わせた言葉で、「大地の公園」を意味し、地球を学び、まるごと楽しむ場所のことをいいます。そこは、地域の地史や地質現象がよくわかる地質遺産を多く含むだけでなく、考古学的・生態学的もしくは文化的な価値もあるサイト（見どころ）を含む、明瞭に境界を定められた地域であることが定められています。いわば、ジオパークとは大地（ジオ）とその上に広がる動植物や生態系（エコ）の中で私たち人（ヒト）が生活し、文化や産業などを築き、歴史を育んでいる状態をいい、これらの「ジオ」、「エ

雨乞い踊り（久谷ざんざな踊り）

コ」、「人」の三つの要素のつながりを楽しく知ることができるところです。

（「日本ジオパークネットワーク」ホームページ）

たとえば、自分の住んでいる地域の山や川、平野などを見て、その成り立ちや仕組みがわかると、周囲の景色が一変して見えてきます。そして、その成り立ちが途方もない年月でできたことを知ると、私たちの活動は地球の活動なしには考えられなくなります。ジオパークではそのうちの見どころとなる指定された「ジオサイト」（地質遺産と人々くらしの物語）の魅力を知り、利用できるように保護・保全していきます。

また、ジオパークは「ジオサイト」を教育やジオツアーなどの観光に活用し、地域を元気にする活動や、そこに住む方々に地域の素晴らしさを理解してもらうために役立てることを目指す活動でもあります。

各「ジオサイト」には、それぞれ異なった大地の物語や動植物などの環境と変化、そこで暮らしてきた人々の歴史や伝統、文化、産業の物語があります。地域を理解することにより、地域に対する親しみや誇りが得られ、ジオパーク活動で生活への生きがいを待つこともできます。

「山陰海岸ジオパーク」の特徴はテーマである「日本海形成にかかわる多様な地形・地質・風土と人々の暮らし」を楽しむジオパークです。その内容はアジア大陸東端にあった日本列島が、分離して移動し、現在のような日本海が形成された過程を、山陰海岸ジオパーク一帯の地形・地質から説明しようということです。その形成過程を四つの時代に区分して説明しています。それは、①日本列島がアジア大陸の東端《とうたん》にあった時代②日本海が海になった時代　③日本列島が現在の形になった時代　④第四紀《だいよんき》（二六〇万年前）以降の時代に区分して、それぞれの特徴を各ジオサイト（見どころ）で学び、楽しむことができます。

もう一つの特徴は、地球磁場《じば》の逆転が世界で最初に発見された「玄武洞《げんぶどう》」が山陰海岸ジオパークにあるということです。京都大学松山基範《もとのり》博士は一九二九年、今から約一六〇万年前に噴出した玄武洞溶岩に、現在とは反対の磁場が残されていることを発見しま

美方郡香美町三尾にある「龍宮洞門」

した。この研究をきっかけに約五〇〜一〇〇万年ごとに地球の磁場が逆転していることが発見され、やがて、大西洋の海底火山を境に大地が広がっていることがわかり、プレートテクトニクス説が認められるもととなる貴重な発見がなされた場所であるということです。

　山陰海岸ジオパークの中央部はリアス海岸からなる荒々しい断崖《だんがい》や小島、洞門《とうもん》などの続く但馬《たじま》海岸で、これをはさむように東西は久《く》美浜《みはま》砂丘、鳥取砂丘などの砂浜海岸でできています。荒々しい岩壁の続く但馬海岸には三《み》尾《お》、御崎《みさき》、宇日《うい》・田久日《たくい》など陸の孤島の漁村が点在し、平家落人《へいけおちゅうど》伝説も伝えられています。また、沿岸一帯には天然温泉が数多くあります。これは日本海が形成される際の大地の動きによってできた断層などと関連しています。新温泉町湯の九八度の高温泉をはじめ、鳥取県の浜村・吉岡・鳥取・岩井温泉、兵庫の浜坂・香住《かすみ》・城崎《きのさき》温泉、京丹後市木津温泉など大地の恵みの温泉が連続しています。

南部の山地には扇ノ山《おうぎのせん》、鉢伏山《はちぶせやま》、妙見山《みょうけんさん》、東床尾山《ひがしとこのお》、大師山《だいし》、太鼓山《たいこ》などの山々が連なっています。扇ノ山周辺には溶岩台地や高原、滝、渓谷《けいこく》が見られ、ブナやトチ、チシマザサなどの植物やオジロワシ、クマ、シカなど、動植物が豊かです。周辺では春の新緑、秋の紅葉、冬の積雪など四季折々の変化に富んだ景観が楽しめます。山麓部では棚田《たなだ》、谷底では段丘《だんきゅう》や平野を生かしイネ、野菜、梨、柿など栽培がおこなわれています。

約一〇〇〇万年前に形づくられた日本海は、冷たい深層水《しんそうすい》や温かい対馬海流の影響を受け、ズワイガニやイカなど豊かな海産物に恵まれ、沖合《おきあい》漁業が盛んです。鳥取や京丹後の沿岸部の砂丘地ではラッキョウや長芋《ながいも》、サツマイモなどの根菜類《こんさいるい》の栽培やハウスを利用した砂丘農業がおこなわれています。

山陰海岸ジオパークエリアでは、不毛《ふもう》の地であった砂丘地や険しい高原や山間地、狭い谷底平野、海岸部の低湿地などを田畑に開墾し、日本海の厳しい風雪に耐えながら営々と暮らしてきました。それらは、山陰ならではのさまざまな豊かな文化や伝統として残され、受け継がれてきました。

山陰海岸ジオパークは、海・山の美しい景観や豊かな海・山の幸《さち》を楽しみ、大地の恵

浜坂祭り（神輿の渡御）

みの温泉に浸り、大地の成り立ちについて学ぶことができる「公園」です。しかしながら、近年の急速な高齢化や情報化、人口の都市集中化の中で、地域の人口や経済の衰退が危惧《きぐ》されつつあります。このような時代だからこそ、長い間に培《つちか》われてきた文化や伝承を受け継ぎ、記録し、残していくことは、社会の重要な役割ではないかと思います。

平成二九年七月の夕方、新温泉町山陰海岸ジオパーク館に来館された花部英雄先生から「國學院大學大学院の学生が山陰の伝説を研究しているが、伝説はジオパークと関係があるだろうか」というお話がありました。突然の申し出に躊躇《ちゅうちょ》していると、「私は以前ここに来たことがあります」と話されたので、そういえば、以前に来館され、物静かな感じでお話をされたことを思い出しました。

お聞きしますと、大学院の学生に山陰海岸ジオパークの伝説を研究するよう指導され、調査の結果を論文としてまとめるということでした。

実は、この話をお聞きし、これは「わが意を得たり」という思いでした。今回、國學院大學の院生の皆様が民俗学の立場から、この地域の特異な地形・地質などの自然景観について注目し、伝説との観点からその特性を明らかにしようという試みは、ジオサイトを新たな角度から見直すことができ、ジオサイトのストーリーを再構築する上でも大変意義深いものと思っています。

山陰海岸ジオパークエリアの歴史については各県・各市町史や調査報告書等に残されていますが、最近刊行された『図説京丹後市の歴史』(京丹後市、二〇〇六)や鳥取市「あおや郷土館」の『青谷上寺地遺跡出土資料』などとともに、今回の伝説などの調査資料を積極的に山陰海岸ジオパークの活動に生かし、よりよいジオパークとなるよう活用させていただきます。

今回の貴重な研究の刊行にあたり、浅学の一文を寄稿させていただくことは汗顔《かんがん》の至《いた》りでございます。あらためて、花部英雄先生にお礼申し上げるとともに、学生の皆様の今後の一層の研究の向上を祈念し結びといたします。

序

ジオパークと伝説

花部　英雄

ジオパークとは何か

世界的に重要な文化遺産や自然遺産を保護するための条約が、一九七二年にユネスコで採択された。日本では法隆寺《ほうりゅうじ》地域の仏教建造物や広島平和記念碑などの文化遺産、屋久島《やくしま》や白神山地《しらかみさんち》などの自然遺産が早くに登録されている。それとは別に、二〇〇四年にユネスコは、科学的に貴重で景観にもすぐれている地質資源を含む公園を、世界ジオパークネットワークによる審査を経て「世界ジオパーク」として認定している。

このジオパーク構想は、早く二〇世紀末ごろからヨーロッパで始まっていた。その先駆けともいえるドイツでは、地形と動植物が一体となった生活地の美しい景観をビオトープ（生物生活圏）として保護・保全する動きがまずあった。続いて火山噴火の跡のカルデラや湧水、鉱床《こうしょう》など、また化石を含んだ岩石や砂岩や奇岩などのゲオトープ

（英語でいうジオパーク）と呼び、同様に保護の対象に広げていった。さらに、そうした「大地の遺産」である場所に観光客を呼び込み、経験し学び楽しんでもらうジオツーリズムへと発展させ、持続可能な観光化および地域振興へとつなげていった。世界遺産はユネスコが費用を供出し、もっぱら保護に務めるが、ジオパークは保護に加えて、地球成立の歴史を知るための教育や地域振興に活用させていくところに違いがある。

丹後半島の海岸段丘

日本では、日本ジオパークネットワーク（JGN）が、国内のジオパークの選定に関わり、現在四三地域が認定されている（本書の付録「全国ジオパーク一覧」参照）。そのうち本書が取り上げる「山陰海岸ジオパーク」は平成二〇年に認定され、その二年後に「世界ジオパーク」にも選ばれている。山陰海岸ジオパークは、京都府の北部から兵庫県および鳥取砂丘までの、三県にまたがる広い範囲の域内が設定されている。日本海の海岸段丘《かいがんだんきゅう》や風波による海食崖《かいしょくがい》・洞窟、砂浜や砂丘を始め、神鍋《かんなべ》火山群や温泉、玄武洞《げんぶどう》の柱状節理《ちゅうじょうせつり》など、多種多様な地質や地形にもとづいて構成されている。

ところで、ジオパークの対象は火山地形や氷河《ひょうが》地形、沖積《ちゅうせき》地形、風食《ふうしょく》地形、海岸地形、岩石露頭《ろとう》などの美しい景観が中心となる。ただ、こうした景観はもともとの地質構造が、その後長い時間をかけて風化や浸食《しんしょく》、運搬、堆積《たいせき》などの諸現象によってダイナミックにできあがった地形である。さらに、そこには動植物の化石や植生《しょくせい》、土壌、気象や水などの生態的要素が加わって構成されている。そのうえ、その自然環境のもとで生活してきた人々がかかわり作り出した歴史的、文化的遺産でもある。そうした総合的な「大地の遺産」であることを認識する必要がある。したがって、その案内にあたっては「地質・地形・植生、人間の作用などの相互関係を総合的に捉《とら》える地生態学《ちせいたいがく》（ジオエコロジー）の立場に立って解説することが重要となる。」（横山秀治編『ジオツーリズム論　大地の遺産を訪ねる新しい観光』、二〇一四）と言われるのは、大いにうなずける。

ジオパークを伝承的な立場からとらえようとする、わたしたちの立場もここにある。地質や地形が人間と無関係にあるのではなく、その環境に暮らす人々の主体的生活の中にこそ生きているものと認識するからである。美しい景観や珍しい奇石・奇岩にしばしば伝説が付着するのは、「大地の遺産」である地質や地形が人間の生活とは別々のものでないことを示しているはずである。ジオパークと伝説は相互影響のもとに存在するということについては、後述することにして、その前に事物をめぐる伝説について触れておきたい。

伝説とはコトかコトバか

伝説はコトかコトバかという議論がある。伝説は信仰や祭祀《さいし》のコトの説明であるとするのが、伝説研究のオピニオンリーダーである柳田國男の見解である。柳田は伝説を神話からの流れに位置づけて、神話の信仰現象に属する部分が伝説に、音律面を踏襲《とうしゅう》したのが語り物、娯楽や文芸を求めたのが昔話であると説いた。いわゆる「神話起源説」であるが、神話の形態や特徴を現象面からとらえた分化説といえなくもない。柳田はこの見解に沿うように、コトの説明である伝説には形式がなく、また事物に付着して語られるという性格から、『日本伝説名彙』（日本放送出版協会、一九五〇）で事物による伝説の分類を試みた。木や石、水、塚といった事物をもとに細分化した項目による伝説の体系化を行ったのである。

一方、柳田の分類では、事件や悲劇などのストーリー性のある内容が霞《かす》んでしまうという意見もあった。伝説には英雄や高僧、歌人伝説など、その事蹟《じせき》や物語を言葉で説明するものも多い。そこで、文芸的な言葉の復権を目ざすという立場から、『日本伝説大系』（みずうみ書房、一九八二―九〇）では、新たな分類案を作る必要に迫られた。編者の一人である福田晃《あきら》は、「伝説は、コトとしての信仰的性格と、コトバとしての文芸的性格との複合の上に成り立っている」（『日本伝説大系』一二巻、一九八九）と述べ、コトによる分類（「自然説明伝説」）に、コトバによる伝説（「文化叙事伝説」）を加えた折衷案《せっちゅうあん》の分類を作成した。

以上のようにコトとコトバの議論は、伝説の叙述や分類をめぐる問題提起を提示する形で収束《しゅうそく》する。しかし、これに一石を投じたのが三浦佑之《すけゆき》「伝説の言葉―〈物〉に向かう表現」（『日本伝説大系』別巻一、一九八九）である。

三浦は上代文学の立場から、柳田が神話から伝説が誕生したことを受けて、神話と伝説は基本的には同じもので、伝説は「共同体のなかの〈ある物〉の始源であり、その〈物〉と共同体との関係性＝秩序の説明なのだ」と述べる。共同体における「ある物」の始源の説明が伝説だと言うのである。ここでいう〈物〉と伝説の説明の関係については、別のところで「ある出来事についての〈説明〉をもつことで〈物〉は存在する」と述べ、また「〈説明〉と〈物〉とに支えられて」伝説は信じられるのだともいう。そして、伝説における「〈説明〉としての言葉は、〈物〉に向かう表現である」と規定する。具体性に乏しい表現でわかりにくいが、要《よう》は、柳田がコトを優先しコトバの説明を二の次とした伝説について、伝説は〈物〉の説明であり、物をいかに表現しているかが問題なのだということである。これまでコトとコトバの二元論の議題に、〈物〉を持ちだして伝説の概念を広げてとらえようとしたところに意義がある。つまり、叙述や整理のための分類が問題とされてきた伝説に対し、対象物である〈物〉の側面に光を当て、〈物〉の始源の説明が伝説だという解釈を示したのである。

ただ、三浦のいう〈物〉は、一般の意味でいう物や出来事以外にも「地名や行事や諺など、証拠たるべき固有の品物」までも含むものとして、記録資料にもとづいているため、すでいる。そのうえ引用している事例が、古典などの記録資料にもとづいているため、すでにある立場や視点などのバイアスがかかった〈物〉といえなくもない。したがって、わたしたちがここで取り上げるピュアな物を対象としているわけではない。そこで混乱を避けるためにも、ジオパークの伝説研究で取り上げる場合の物とは、剝《む》き出しの自然物そのもので、現地のフィールドワークを通して体感できるものであり、ここでは「モノ」とカタカナ表記で用いることにする。色眼鏡《いろめがね》や手垢《てあか》のつかないモノを対象とすることを、あらかじめ確認しておきたい。

地質・地形をめぐる二つの伝説研究

伝説の概念をめぐる問題はそれまでとして、次に、地質や地形を話題にした近年の研究成果のうち、典型的なものを二つ紹介しよう。一つは野本寛一《かんいち》『神と自然の景観論―信仰環境を読む』（講談社学術文庫、二〇〇六）である。

野本は地形や風景や樹木など、景観にかかわる自然環境全般を対象として、その場所に出かけて材料を集め、豊富な写真をもとに紹介している。いわば丁寧なフィールドワークを通じた研究成果である。その美しい景観に直接に触れた感激を、古代人の感性と感応させるように、「古代人は神霊に対して鋭敏であり、聖なるものに対する反応は鋭かった」と述べ、そうした心性が現代人まで流れており、「日本人に神を感じさせ、神聖観を抱かせてきた地形要素」を「聖性《せいせい》地形」と表現し、これをキーワードに地形や環境を分析する。

この野本の見方は、日本人の一般的な意識をもとにしていると思えるが、それは書名の「神と自然の景観論」の語が示すように、景観や自然地形を神と結びつけ、神からの

蹴裂伝説の一例とされる丸山川の「津居山の水門」

恩寵《おんちょう》が現在にまでそのまま続いているという解釈に近い。その点では柳田國男の伝説観につながるもので、神観念をベースにした民俗学的方法にもとづく実証的な研究といえる。

これと対照的な方法が、上田篤《あつし》・田中充子《あつこ》『蹴裂伝説《けさきでんせつ》と国づくり』（鹿島出版会、二〇一一）である。著者は地理や地学の学問にもとづく国土開発の視点から地形をとらえる。上田の「はじめに」によると、日本列島は固い岩盤から構成されているのではなく、火山爆発や地震、豪雨豪雪など地滑《じすべ》りや浸食《しんしょく》等によってできた沖積《ちゅうせき》平野にその特徴があるという。自然災害に加え、人為的（農地や道路、橋、住居など）な土木工事によって改造された結果が現在の姿であるとする。その視点から全国の国土改造の一〇事例の伝説を取り上げ、「神や英雄が渓谷や湖沼《こしょう》の一方を蹴裂《けさ》き、もしくは切り開いて、悪水《あくすい》を流してやる」という「蹴裂《けさき》伝説」（『神話伝説辞典』東京堂出版、一九六三）をもとに、記録や地図、現地の自然条件を加えながら伝説の検証に取りかかる。

野本が「聖性地形」を所与《しょよ》のもの、変成のない「神の坐《ましま》す風景」と静的（スタティック）にとらえるのに対し、上田は地形が自然エネルギーにより変化を受け、また人為的に改造されたダイナミックなものであるとする。したがって「蹴裂伝説」を岩石の開削《かいさく》や破砕《はさい》による平野の開拓を意図した、古代人からの知恵と技術による国土開発の現実的な営みの結果ととらえる。両者には自然に対する認識の違いが見られる。

この相違は、民俗学と地理・地学という学問の違いというよりも、自然に対する見方の相違ととらえるべきかもしれない。自然を不易恒常《ふえきこうじょう》的なものと見るか、可変《かへん》的なものと見るかの違いである。自然地形を変化流行するものとするジオパークの視点から伝説を対象とする場合には、「変化」という部分をないがしろにできない。伝説の対象物であるモノにどのような性質があるのか、「変化」という点から次に検討を加えていこう。

「石の心」とジオパークと伝説

地質や地形にかかわるモノとしての伝説の特性を、ここでは石・岩を例に上げて考えてみたい。以前『日本民話集』の編集の仕事に携わった際、『石や岩の伝説』（作品社、二〇〇三）の巻を担当し「解説」を書いた。石や岩にまつわる八〇ほどの伝説を、①生命をもつもの、②異類や妖怪にまつわるもの、③神や異人にかかわるもの、④人が化石したもの、⑤霊異や怪異を発するもの、⑥事件や出来事にかかわるもの、の六つに分類し、その特徴に触れた。今改めて、石・岩の伝説を見ると生命や霊威の活動に関わるものが多いことに気づかされた。伝説が人間との関係を示すものであることを踏まえても、これには驚かされる。

わたしたちは普通には石に生命があるとは思わない。辞書で「木石《ぼくせき》」を引くと「人情がない」と出ている。しかし、石の伝説には石の命や人為《じんい》にかかわる内容が多く、「木石に非《あら》ず」ということになる。なぜ伝説の石は、人と関係を結び、生命ある存在として振る舞うのか。「君が代」の歌詞にも「細石《さざれいし》の巌《いわお》となりて」とあり、石が成長すると歌う。事実「成長する石」の伝説もあるから、もしかして石も生命を有しているのかもしれない。次に、そのことを思わせる例を紹介しよう。

比較心理学などを専門とする森山徹《とおる》は『モノに心はあるのか　動物行動学から考える「世界の仕組み」』（新潮選書、二〇一七）で、「石の心」について述べている。石の職人は、ハンマーで石を叩いてその音や振動等で内部構造を予想して石を割るが、それは石を「割った」のではなく、石が「割れてくれた」のだという。石に心があり、だから

「玄武洞」採掘した跡が生々しく残る

石を主語にするのが正確な表現であるとする。したがって長く石とかかわる石工《いしく》は、「石の心を察知している」という。もし「石の心」という表現に語弊《ごへい》があるとすれば、心を「モノゴトのあるがままの姿」ととらえれば、違和感は薄れるだろう。森山は「モノとは私によって理解、説明、制御、言語化された、私の外側の対象」と言い切る。この発想は、ジオパークにおける地質や地形を考えるための一つの方向性を与えてくれる。

　すでに第一節で述べたごとく、ジオパークを「地（ジオ）生態学（エコロジー）」からとらえる意義を確認した。地質や地形を自然の植生と、そこで生活する人々の歴史的、文化的営みの総合からとらえる必要があると述べた。その視点は、ジオパークの中の伝説の発生や成立とも深くかかわる問題である。本書で詳しく取り上げる一つに「柱状節理《ちゅうじょうせつり》」の伝説がある。山陰海岸ジオパークには数カ所の柱状節理があり、そのうち明確に伝説を伴っているものは三ヵ所で、有名な豊岡市の玄武洞《げんぶどう》は、神々が但馬《たじま》平野の開拓を終えた祝宴の餅が固まったのだという。

この伝説の背景の一つに、近年までこの柱状節理の石を生活に利用してきた経緯《けいい》がある。伝説の内容は異なるが、香美《かみ》町味取《みとり》の「俵石《たわらいし》」や鳥取市御熊《みくま》でも柱状節理の石を利用してきた。採掘した石が墓石や積石《つみいし》などに再生（モノ化）し、新たな生活空間を創り上げていく過程で、それぞれ伝説が誕生したことになる。このように伝説のモノに立脚し、その特質をとらえる理解が必要であろう。石の変態（メタモルフォーゼ）が石の伝説を生み、そして「石の心」が人々に伝説を伝えたことになる。言い換えるならジオパークにおけるモノが語る、モノが喚起するところの、モノとの意思疎通《そつう》を図る伝説研究を本書では深めていきたい。

I　地質・地形と伝説

地質と地形、温泉は密接な関係がある。地表にある岩石と地層（砂や石、火山灰が堆積《たいせき》したもの）は、風雨や波などの風化《ふうか》や浸食《しんしょく》を受けて独自な地形を形作るが、これには地質が大きく影響する。また、地下の地殻《ちかく》の断層の割れ目に地下水が入り、地熱《ちねつ》に熱せられて湧き出たのが温泉で、これにも地質の構造が深くかかわっている。

この章では、マグマが地表に湧出する際に、冷却固結《こけつ》した「柱《ちゅう》状節理《じょうせつり》」にまつわる伝説。海底の火山灰が固まってできた礫岩《れきがん》層《そう》に棲息《せいそく》するサザエの伝説。そして海岸に近い地に湧く温泉発見伝説を取り上げる。普通の生活知識や感覚では想像つかない地表の姿や現象を、どのような伝説の言葉で表現しているのかに注目していただきたい。

（花部英雄記）

「柱状節理《ちゅうじょうせつり》」の岩脈と伝説──玄武洞《げんぶどう》、俵石《たわらいし》、御熊《みくま》神社をめぐって──

花部英雄

はじめに

ジオパークすなわち「地質遺産」は景観にすぐれ、また観光資源としても十分に活用できる要素を持つものであるが、その前に地球のなりたちを知るための、科学的に貴重な地質であることの理解が必要である。地下のマグマが地表に湧出する際に、火山噴火したものを溶岩というが、マグマが地表近くで冷却固結《こけつ》する際に生じる柱状《はしらじょう》の割れ目を「柱状節理」という。

液体のマグマは、周りの地層や岩体よりも軽いので、上へ上へと上昇し地表の母岩にいろいろな角度でしみ込むが、地層面に対して高角度で貫入《かんにゅう》して岩石化したものを岩脈《ダイク》と呼び、紀伊半島の「橋杭岩《きょうこうがん》」がその典型例である。また、地層面に対してほぼ平行に貫入したものを岩床《シート》ないしシルと呼び、長野県上松《あげまつ》の「寝覚《ねざめ》の床《とこ》」がその例といえる。

地表に出た熱い溶岩は大気によってゆっくり冷却が進む過程で、収縮《しゅくしゅく》して柱状節理が生じるが、その断面は六角形を基本として固まる場合が多い。そのために材木岩《ざいもくいわ》、竿《さお》石《いし》とも呼ばれ、不思議な形状の奇岩が人目《ひとめ》を引く。火山国日本には、そうした場所がいたるところに見られれが、ここ山陰ジオパークの域内《いきない》にも数ヶ所あり、筆者が目にしたのは次の通りである。

a　京都府京丹後《きょうたんご》市丹後《たんご》町の立岩《たていわ》
b　兵庫県豊岡市赤石《あかいし》の玄武洞《げんぶどう》
c　兵庫県美方《みかた》郡香美《かみ》町味取《みとり》の俵石《たわらいし》
d　兵庫県美方郡香美町香住《かすみ》の鎧《よろい》の袖《そで》
e　兵庫県新温泉《しんおんせん》町御火浦《みほのうら》
f　鳥取県鳥取市御熊《みくま》の御熊神社

これらの奇岩奇勝《きしょう》に初めて接すると、なぜこうした奇岩が生じたのだろうか、といった自然な疑問が起こる。その理由を示すのが伝説のことばといえる。伝説は見なれた何の変哲《へんてつ》もない景色よりは、奇岩景勝、変化に富んだ神秘的で不思議な光景や場所に付着することが多い。そうした神秘・不思議な光景がどのように現出し、それがわたしたちに何を訴えているのか、自然地形の語りかけることばが伝説である。

ところで、右に挙げたaからfのうち、dの香美町香住の鎧の袖については特に伝説は語られないが、aの竹野町立岩には、都から追われてきた鬼が、麻呂子《まろこ》親王によって、この竹岩に封じ込まれたという伝説がある。それについては本書の「鬼退治伝説と丹後—麻呂子親王と源頼光—」を参照されたい。また、eの新温泉町御火浦は、直接に柱状節理には触れられないが、神功皇后《じんぐうこうごう》が征伐の帰りにここに漂着したと伝え、その際に船を寄せるために焚いた火から御火浦《みほのうら》と名づけたという伝説がある。他に後《ご》鳥羽《とば》上皇《じょうこう》の伝説もある。

ここではそれ以外のb、c、fの柱状節理の伝説について、ジオパークの視点から取り上げ解説していきたい。

新温泉町御火浦《みほのうら》にある柱状節理

玄《げん》武《ぶ》洞《どう》の柱状節理

玄武洞は豊岡市を代表する観光スポットである

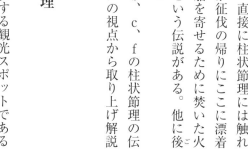

豊岡市赤岩《あかいわ》の「玄武洞」

と同時に、地球誕生の成り立ちを知らせる貴重な地質資源の学習の場でもある。

玄武洞はおよそ一六〇万年前に噴火した際にできたとされる（観光案内パンフ等）。地中から流れ出た溶岩が冷えて固まる過程で収縮して「柱状節理」の岩体が形成された。大正一五年に京都大学の松山基《もと》範《のり》博士はこの玄武洞を調べ、地球が持っている磁気（地磁気）が南北逆転していることを発見し世界に発信したことでも有名である。

ところで、この玄武洞が現在のような姿を見せたのがいつごろなのかは不明であるが、江戸時代から採石場《さいせきじょう》として石が掘り出された跡が、今は洞穴として残されている。また、大正一四年に起きた地震で崩れた玄武岩を、家の石垣や護岸工事に用いたという。玄武洞近くの赤石《あかいし》地区を歩くと、掘り出した石を「鉄砲石《てっぽういし》」と呼び、生活に利用していたと住民は話してくれる。それは赤石に限らず、近くの集落等でもあったという。

その後、昭和六年に国の天然記念物に指定され、また戦後の三一年に市の都市公園、三八年に山陰海岸国立公園、そして平成二〇年に「山陰海岸ジオパーク」に指定されるなどして、石を採掘し利用することが制限され、玄武洞が現在のように保護され観光に供《きょう》されるようになった。

自然が造った奇石の造形美と、その岩石の人為的用途による生活上の利用は、伝説を生み出す力となったのかもしれない。この赤石の近くの田鶴野《たづるの》公民館が発行する『田鶴野郷土誌』（二〇〇五年）に、「玄武洞と五社の明神さん」という伝説が載っている。

但馬平野の一帯の地が湖水だった大昔に、但馬五社《たじまごしゃ》の明神さんが、床尾山《とこのおやま》で但馬開拓を相談され瀬戸の地を切り開かれて但馬平野が出現した。その時、完成のお祝いに各地の神々達がお餅を、持参され、重箱を開けて移し置かれたお餅が固って、現在の玄武岩になったという。一重《いちじゅう》あまったので川西に移されたのが二見の石山だといわれる。

（赤石・田中成明『豊岡民話耳ぶくろ』より）

なお、この話の出典とされる『豊岡民話耳ぶくろ』は、昭和五〇年に豊岡市老人連合会によって発行されたもので、この話を提供した田中成明《なりあき》は、現在、玄武洞近くの「玄武洞ミュージアム」の理事長をしている田中榮一《えいいち》氏の父である。榮一氏の話によると、明治三八年生まれの父は、内務省大阪土木出張所円山川改修事務所（現、近畿地方整備局豊岡河川国道事務所）に勤務し、円山川《まるやまがわ》等の補修、整備事業に携わっていた。そのころ玄武洞の石は掘り出されて積まれ、円山川を帆《ほ》掛《か》け舟で運ばれて土木建築などに利用され、また家の石垣、庭石、漬物石などにも用いられていたという。そのような風景を日常的に見ていた成明が、この話をどこからともなく聞き知っていたものと思われる。

さて、伝説は但馬五社明神（朝来《あさご》の粟賀《あわが》神社、養父《やぶ》の養父神社、出石《いずし》の出石神社、豊岡小田井の小田井《おだい》縣《あがた》神社、豊岡津居山《ついやま》の絹巻《きぬまき》神社）の神々が、但馬平野の完成に用意した祝宴の餅が固着したと説明される。この神話的アルカイックな表現の裏には、長く円山川の洪水や氾濫に苦しんできた人々の歴史を背景に、それを克服した偉業の喜びを、現実の玄武洞の神々《こうごう》しい造形の妙《みょう》に重ねた、国土創成の伝説ととらえることができる。

「味《み》取《とり》の俵石《たわら》」と保食命《うけもちのみこと》

兵庫県香美町味取にある「味取の俵石」も玄武岩の柱状節理である。柱状の規則だった縦の割れ目が立ち並ぶ岩肌は、見る者を圧倒する。傍の案内板に「味取の玄武岩（約二二万年前）の露頭《ろとう》（筆者注、地層等が地表に露出した部分）は幅約七〇m、高さ約二〇mの岸壁で、ほぼ垂直に発達した柱状節理の径は約五〇㎝、断面は六角柱などの形をしています。節理で切られた玄武岩は米俵《こめだわら》を積み上げたように見えます。」とあり、記述の最後にある米俵の連想から「俵石」と名づけられたことがわかる。

露頭が生々しい香美町味取の「俵石」

　味取に住む昭和一二年生れの元役場職員の今後《いまご》斉《ひとし》さんから、俵石を墓石に利用しているということを聞いたので、さっそく今後家の墓地に案内してもらった。墓石の正面部分は輝きのある平面仕上げに磨かれ、そこに戒名《かいみょう》が刻まれ、あとは自然石のままの墓が数基《すうき》建っている。傍の「霊位」と記された墓碑を見ると、昭和二年から平成二二年までの数名の故人の戒名や死亡年月日が記されている。

昭和一〇年頃八〇軒ほどあった味取に、石屋が四件あったが、今は一軒しか残っていないという。その一軒の中島石材店を訪ねると、親の代には注文を受けると俵石を用いて墓石を造っていたが、今は注文があれば中国で彫ってもらった墓石を輸入しているところが多いのだと、笑いながら話してくれた。

五〇代後半の中島さんは、子どものころ学校の先生に、俵石《たわらいし》を数えるのに川の音がうるさいので静かにしろと怒鳴ったら、音がしなくなったという話を聞いたことがあると話してくれた。そういえば今後さんも、俵石の断崖の下にある矢田川の淵を「音なしの淵」と言い、潜っても川の音がしない不気味な淵だから、誰もその淵では泳がないと言っていた。味取の俵石と直下《ちょっか》の淵とが結びついた、次のような伝説が『村岡の民話』(二〇〇〇年)に載る。

昔、保食命《うけもちのみこと》と、その媛《ひめ》が、力を合わせて俵石《たわらいし》を運びました。そうとう運んだとところで、媛が「もういくら運んだでしょうか。」と保食命にたずねたので、命《みこと》がそろばんを持ち出して計算しましたが、川の水音が高く、何回計算しても数が、判りませんでした。

命が「川水ども静かにせよ。」というと、水音がぴたりと止まりましたが、やはり正確な数は判りませんでした。

「音なしの淵」の下流の矢田川

媛は、こんな数も数えられないような、不甲《ふが》斐無《いな》い男に連れ添っていては、先の見込みが無いと、命《みこと》を捨てて去っていってしまいました。

この時二人が運んだ石は、俵を積み重ねたように残されており、川音を止めた川は、音無《おとなせ》川と呼ばれております。

石屋の中島さんが記憶していたのは、この話の一部だったように思われる。俵石を数える神夫婦に川の音が邪魔になり、計算が合わず離婚に至ったというのである。ところで、昭和五七年に刊行された『村岡町誌』（下巻）の「俵石」は、ストーリー展開は同様であるが、結末部分に変化がある。

（前略）
やっと計算もあったので、媛《ひめ》に伝えました。あまり保食命《うけもちのみこと》がぐずぐずしているのに、すっかり腹を立てた媛は、こんなのろまな男にそっていては、末遂《すえと》げられないと、「おひまをいただきます」といって、命《みこと》のとめるのもふりきって、そのまま栃谷《とちたに》に行ってしまいました。
それから、この村では栃谷の人と縁組しないといいます。保食命《うけもちのみこと》が持ち運んだという石は、今は俵石といっています。

媛が帰った先が「栃谷」であり、その結果、味取の人は栃谷（新温泉町）の人とは縁組しないのだという。ここにどのような現実的背景があるのか関心はあるが、軽々な判断は控えるべきであろう。

俵石の伝説と俳諧

ところで、伝説は近代以前に遡ることができる。安永二年（一七七三）に成立した俳諧集『誹諧十百韵《はいかいじっぴゃくいん》』に「たはら石」と題して次のように記されている。

射添《いそう》の庄《しょう》味取《みとり》と云へる里に、米子《よなご》大明神とあかめ奉《たてまつ》る社《やしろ》あり。かたへに俵石とて廻り三尺余の俵の如くなる石幾千万ともなく積ミ上、またさん俵石とて、数千枚たたミ上《あげ》て誠のさんたはらの如し。種《たね》たわら石有、順礼の荷俵にひとしき小たはら数をならへ前に音なし川とて、二町はかりのほとハすこしも水音のせぬ流有。往昔《むかし》神達のさん用しなひし時、障《さわ》り也とて龍神を叱《しっ》し給《たまい》音をととめ給ふと云ひ傅《つた》ふ。甚《はなはだ》希有《まれ》也。山岳峩々《がが》として、澗水藍《かんすいあい》の如し。皆これ神代《かみよ》よりの事ならんかし、おもふに俵を愛し給ふは大黒天《だいこくてん》を祭れる明神にてやおはしけむいふかし。また此偏《このへん》にくらんほうしと称し奉る小祠《しょうし》あり龍を守り給ふ神なるを誤《あやまり》てとなへ来れるにや、かかる勝景をとふ人もなく、埋れゐる事本意《ほい》なくおもひて川蒂閣其風かくしるしおくのみ。

音なしに　いつ御田植や　たはらいし

現在の伝説と共通するのは、「昔、神様が算用の際に、川音が障りとなったので龍神を叱って静かにさせた」という部分である。簡略で神名や神夫婦の離婚にも触れない伝説の骨子だけの内容といえる。しかし、俵石をめぐる情報については興味深いものがある。俵石の近くに「米子大明神」および「くらんほうし」の小祠があったと述べる。『兵庫県の地名』（平凡社、一九九九）によると、米子大明神は「米庫大明神」で伊曾布《いそう》神社の古名とされ、延喜式神名帳《えんぎしきじんみょうちょう》の「七美郡十座《しつみぐんじゅうざ》」に「伊曾布神社」があると記す。伊曾布は地名の「射添」の異なる表記といえる。また、「くらんほうし」は意味不明であるが、音無淵の龍神を祀った祠である。

射添の氏神社と音無淵《おとなしぶち》の龍神を俵石のある場所に祀り、そこにちなんだ俵石の算用にかかわる伝説があることを併せ考えると、音無淵が採掘した石の舟積み場で、矢田川を用いて運んだことも考えられる。

ところで、この記事が掲載された『誹諧十百韵』について考えてみたい。この句集は「序」によると、近江の俳人の半化《はんか》が但馬を訪れ、養父郡八鹿《やぶぐんようか》の妙見山《みょうけん》に登山した後、三日間に亘り当地の俳人および俳諧愛好者たちと句会を催したものをまとめたものである。半化坊すなわち高桑闌更《たかくわらんこう》は、これから十数年後に、京都において「花《はな》の本宗匠《もとそうしょう》」

の地位につくが、蔵月明《くらげつめい》の年譜（『くらげ』五・六月号、「くらげのほね（十四）」）によると、この年四八歳であるという。序では「近江蒲生《がもう》の人」とあるので、当時そこに居住していたのかもしれない。蕉風俳諧の流れを汲む一人として、諸国行脚の修行を兼ねながら、地方の俳人たちとの交流を図っていた時期である。

『誹諧十百韵』は、「第一　鶯」に始まり「第十　雪」で終わるといった十の部立からなる。そして各部の始まりに地域の名所や産物に触れた俳文を寄せている。ちなみに第一は「射添のたはら石」「村岡の烟草入《たばこいれ》」で、半化が記したものと思われる。他にも「粟鹿之茗荷《あわがのみょうが》」「養父《やぶ》の黒牡丹《くろぼたん》」「雲のしら浜」などがあり、句集に俳文を配した構成である。

中央からの俳諧師を囲んでの句会を通して、地域の文化が新たな視点からとらえられ、地域や文化の振興に関っていることが見てとれる。その際に、伝説の生成や賦活《ふかつ》が行なわれていることを見逃すべきではないだろう。それは但馬《たじま》だけではなく全国各地において同様であったことと思われる。

御熊《みくま》の柱状節理

鳥取市御熊の御熊神社は、山陰線の末恒《すえつね》駅から五キロほど行った山手にあり、社《やしろ》の傾斜面に材木に似た石が地表に突き出ている。この柱状節理の石の光景に触れた古い記録に、『稲葉民談記《いなばみんだんき》』の「三蔵社《みくらしゃ》」がある。

高草郡《たんくさぐん》三蔵と云ふ村の辺にあり、柱《はしら》大明神と号す、此社《やしろ》のうしろの山の岸の土の中より、石の柱の一端二尺三尺或《あるい》は四五尺計り重《かさな》り合ひたるまゝ突出《つきいで》てゝ見ゆ、柱のふとさ二尺まはり三尺まはりあるべし、其形或は四角或は八角六角、そのまゝ材木のひきものなどを立てたる様にみゆるなり、或は又其近辺その社へ登る階檀《かいだん》なども皆かくの如き石なり、土人語り傳《つた》ふるは此社の神、曾《かつ》て石の橋を造りて、隠岐《おき》の国に渡らんと、一夜の内に造り立てんとせられしに、夜あけて事成就《じょうじゅ》せずして其儘《そのまま》捨置かれし跡なりといへり、葛城《かつらぎ》の一言主《ひとことぬし》の神のことを髣髴《ほうふつ》するに似たり、昔より云ひ傳ふる事にや、

社の背後に柱状節理が顔を覗かせる「御熊神社」

柱大明神のある山の岸に柱のような石材が多量にあり、また神社の階段にも敷かれている。土地の人が伝えるところによると、ここの神が隠岐の島に一夜のうちに橋を掛けようと準備したが、成就せず、そのまま捨て置いた跡という。

これを記した小泉友賢《ゆうけん》は鳥取藩士で、京都で医学を学び、また、江戸でも林羅《ら》山《ざん》に儒学を学んだ人物である。帰藩して寛文《かんぶん》一〇年（一六七〇）頃から、亡くなる元禄四年（一六九一）の間にかけて、この『稲葉民談記』は書かれたとされる。おそらくこの「三蔵社」の記事は、現地を訪れた際に土地の人から聞いた話をもとに記したものと思われる。材木のような石の柱が乱立《らんりつ》する光景を、友賢は驚きの目で眺めたにちがいない。

ところで、この奇妙な材木石を実際に見て、そして土地の人の話を聞いた友賢は、「葛城の一言主の神のことを髣髴する」と締めくくっている。一言主の神が葛城の山中で架橋の仕事を命じられたが、なかなか仕事が進まずに、役《えん》の行者《ぎょうじゃ》に呪縛されて谷底に捨て置かれたという故事は、一〇世紀末に書かれた『三宝絵詞《さんぼうえことば》』などに見えている。おそらく葛城山中の架橋の残骸も柱状節理の奇石群と思われる。架橋伝説のモチーフは、すでに平安時代には成立していたことになる。

この友賢の記事を読み、一言主の神の事跡を知る者は、伝説の共通性を理解するにちがいない。『稲葉民談記』から一四〇年後に書かれる安陪恭庵《あべきょうあん》『稲羽志《いなばし》』の「御熊村《みくまむら》」の項では、一言主の故事は『日本紀《にほんぎ》』の「神代巻」に出ていると記す。伝説のさらなる遡及《そきゅう》もさることながら、伝説に新たな情報が加わり進展し後世へと伝わっていく様子がわかる。書物を媒体にしながら伝説が一地域だけのことではなく、全国展開していく契機がみてとれるが、そうした全国の事例については次節で触れることにする。

さらに、『稲葉民談記』を読んだ上野忠親《うえのただちか》も、現地に赴いて調査した報告を宝暦二年（一七五二）の『勝見名跡誌《かつみめいせきし》』の「三倉村《みくら》」に残している。そこには、材木石の丹念な観察の他に、この石を地元の人々が家々の踏石《ふみいし》等に利用している事実や、それを掘り出す

島の左右の海底に石柱が沈むという「淤岐ノ島」

ための鉄の道具類を造る鍛冶師が祀る「鍛《か》冶《じ》大明神」についても記している。専門の石工が入って材木石を採取していたことは、材木石が不思議な存在としてではなく地域の生活にも深く関っていたのである。記述はさらに、この材木石が神社周辺だけでなく、尾根伝いにも所々あり、それが半里先の海にまで続いていると述べる。記述のその先を記すと次の通りである。

海ノ端マテ出タル山ノ鼻《はな》ハエ（江《え》）ニ連《つらね》タル金《かな》ガ崎《さき》ト云フ山アリ金カ崎ヨリ出タル海ノ底モ橋柱ヲ立タルヤウニ竪《かた》サマニ立タル石ノ柱ニ横ニ石ノ柱ヲ渡シテ組立タル如クニ見ユル所四五町アリソレヨリ沖ノ方モ上古《じょうこ》ハ斯《かく》モアリツラメドモ

大濤《おおなみ》ニクヅレタル方末《すえ》ツヅカズ海ノ底ニクヅレタル石ノ柱アリト昔舟磯《ふないそ》ト云フ所ニ居《い》タル老女ノ白水郎《あま》ノ咄《はなし》ナリ是ヲ伏野《ふの》ノ村人ニ尋ヌレバ成程其咄《なるほどそのはなし》ニサモ相違ナシ春三四月ノ頃風モナク浪シヅカナル至極《しごく》ノ晴天ノ時ニハ海上処々《しょしょ》ニ石柱アラハレテ見ユト云へリ

（海の端まで出ている山の鼻が海に続く金ケ崎という山があり、その金ケ崎から海底にまで橋杭《きょうこう》を立てた石の柱を渡し組み立てたように見える所が、四、五町もある。そこから沖の方にも上古はあったけれども、大濤《おおなみ》に崩れてしまった石の柱がある。昔、舟磯をという所に住んでいた老海女《あま》の話である。これを伏野《ふの》の老人に尋ねると、その咄に間違いがなく、春の三、四月頃、風がなく波穏やかで晴れている時には、所々に石の柱が現れ見えるという。）

現在、金が崎は白兎《はくと》海岸に突き出ていて、岸から海面に岩場が薄っすらと見えて、一〇メートル先の淤岐《おき》ノ島へと続いている。干潮時には歩いて渡れそうに見えるが、その島からさらに沖の方へ「石ノ柱」が連続しているのであろう。『勝見名跡誌』の著者は、御熊神社の材木石が海の底にまで続く地形を、海女《あま》から聞き取りしていた。石の柱が淤岐ノ島からはるか遠くの隠岐の島に架ける橋であるという幻想は、海底の様子を知る人々にとっては受け入れやすいだろう。

また、こうした奇石が出土するこの地域の不思議を、忠親は「是レ何ト云フ神跡《しんせき》ナラン此地ニハ大穴牟遅命《おおあなむちのみこと》ノ到リマシタル気多カ崎《けたがさき》ナレバ如此《このごとき》神変奇妙ノ事跡《じせき》今ノ世マデモ遺《のこ》リ傳《つた》ハリケン其イハレノ絶テ知レザルコソ遺憾《いかん》ナレ」と結んでいる。記紀神話に登場する大穴牟遅命の「八上姫《やがみひめ》訪問譚」の文脈において、材木石の不思議を神話との関係において把握しようとするのは、柱状節理の石を現実に生活に利用している人々とは異なる発想であるが、「架橋伝説」が異なる立場により独自の解釈を施され、重層性を帯びて後世に伝えられていることがわかる。

架橋伝説の全国的展開

御熊の柱状節理にまつわる架橋伝説は、多少形を変えながらも、全国的に見られる。いまその伝説の一覧表を示しながら、その概要に触れる。

材木石伝説一覧表

	伝承地	主人公	事業	築造者	妨害者	成否	失敗の理由	遺跡物	出典
1	福岡県田川郡添田町	英彦山権現	鬼の家建築	鬼	鬼	×	鶏鳴	南岳に材木岩	豊国筑紫路の伝説
2	徳島県椿村	岬神	岩橋	―	天邪鬼	×	―	橋柱	日本伝説　阿波
3	島根県隠岐郡西ノ島	焼火山の神	架橋	家督山の神	アマンジャク	×	鶏鳴	積み上げた石	隠岐・島前民話集
4	島根県隠岐郡西郷町	―	阿波の浮橋	アマノジャク	村人	×	盗み見し褒める	浮橋	隠岐島の伝説
5	島根県鳥取市	―	隠岐国へ架橋	御熊(三倉)の神	あまんじゃく	×	鶏鳴	石材	因伯民談
6	広島県比婆郡東城町	鬼	架橋	鬼・天邪鬼	天邪鬼	×	―	雄橋は完、雌橋は未完	広島県の民話と伝説
7	兵庫県生石子高御倉	天人	社	天人	―	×	夜明け	石の社	峰相記
8	大阪府磯長村	聖徳太子	自分の墓	聖徳太子	―	×	鶏鳴	墓石499個	日本傳説集
9	和歌山県串本町	鬼	大島へ架橋	鬼	―	×	―	橋杭、橋板	紀伊続風土記

10	和歌山県串本町	弘法大師（与兵衛）	大島へ架橋	弘法大師（与兵衛）	海神（鬼）	×	鶏鳴	橋杭	牟婁口碑集
11	静岡県磐田郡敷地村	頼朝	城山に築城	頼朝	―	×	山の明渡し	材木石	静岡県伝説昔話集
12	富山県中新川郡の立山	美女	堂の建立	美女	比丘尼止宇呂	×	柱を跨ぐと化石	六角柱の材木石	山の伝説
13	新潟県柏崎	羅石明神	佐渡に架橋	羅石明神と眷属	アマノジャク	×	鶏鳴の真似	海に突き出る岩石	郷土研究1号
14	宮城県白石市小原	飛騨の匠	不動堂の建立	飛騨の匠	―	×	夜明け	安山岩の柱状節理	奥羽観跡聞老志
15	福島県会津若松市	弘法大師	湖に架橋	磐梯明神	アマノジャク	×	鶏鳴の真似	石柱の材木山	会津の伝説
16	山形県酒田市飛島	弘法大師	海に架橋	弘法大師	村の若者	×	鶏鳴の真似	材木岩	飛島―伝承ばなし―
17	青森県下北郡大間町奥戸	義経	架橋	義経	―	×	牛の死	柱状節理の材木石	陸奥の伝説
18	青森県下北郡佐井村牛滝	義経	架橋	義経	―	×	牛の滝の汗の死	柱状節理の材木石	青森県史　下北編

下北郡佐井村にある「願掛岩」の柱状節理

12番の富山県の立山《たてやま》の登山道に伝わる「材木《ざいもく》坂《ざか》」の伝説では、ある女が霊山に堂を建てようとして運んできた柱を、若狭の小浜から来た比丘尼《びくに》止宇呂《しうろ》が跨《また》いだために柱が化石したという内容である。いわば「女人結界」の立山を象徴したような伝説で、その結果「六角柱状の安山岩が、恰《あたか》も材木のやうに縦横に横たはつて居る」と説明される。この伝説では堂の建立となっているが、多くは橋の建造に関っている。

16番の山形県酒田市飛島《とびしま》に伝わる伝説では、弘法大師が飛島に船で渡ったが、離れ小島の不便さを憐れんで、夜明けまでに橋を架けてやると約束する。ところが、ある若者が丑《うし》の刻過ぎにコケコッコーと言ってしまったために、大師自身が八分どおりできていたのを崩してしまったという。「烏帽子《えぼし》群島一帯に、材木を積みかさねたような玄武岩《げんぶがん》の柱状節理をなす景観の材木岩は、この橋げたが流れあつまってできた島」（『飛島―伝承ばなし―』本間又右衛門、一九八七）だという。酒田市から五〇キロ沖にある孤島で暮らす人々の、架橋に寄せる強い思いが込められている。

同じことは、18番の青森県佐井《さい》村の伝説も同様で、津軽海峡に橋を架けようと、材木を牛で運んでくるが、あまりの疲労のために牛が死んだために断念せざるを得なかったという。この架橋に義経が関るのは、追っ手を逃れて北海道に渡る「義経北帰行《ほっきこう》」伝説が下敷きにあることは言うまでもない。地域の歴史や生活環境が伝説には刻まれている。

次に「材木石伝説一覧表」から、この伝説の性格や特質を概括しておきたい。伝説の主人公に宗教者、歴史的人物など能力の高い者が登場する。対する妨害者には、異界のモノといえる天邪鬼《あまのじゃく》が多い。また、築造に際して土地の神が協力するといった基本的な構図が見られる。もちろん事業は成就せず、その結果、残骸ともいえる建築材料が放置されたと説く。事業中止の原因に「鶏鳴《けいめい》」が関わるのは、異界から来たモノが退散する時間を暗に示している。

この伝説に登場する人物に弘法大師を筆頭に宗教者や、土地の神が登場するのは、これを信仰する宗教者が伝説の流布等に関与していると考えられる。しかし、その、能力の高い者の力を持ってしてもその事業が未完成に終わったということから、人間の能力を遙かに超えた力を持つ自然への畏敬《いけい》の念が通底していると解釈できる。

さて、「柱状節理」という地質学の知識のないところで、この異様な奇石の光景を、どのように受け止め伝えているかを、山陰海岸ジオパークの三種類の伝説を取り上げて見てきた。玄武洞では但馬平野の完成を祝う餅が化石したと言い、「味取の俵石」では石の算用をめぐる不和、御熊の材木石は隠岐への架橋が頓挫《とんざ》したと説明する。いずれもその石を採掘し生活に利用していた点では共通するが、それぞれの伝説の違いは、その地域の環境等の事情が働いて構想されていることはいうまでもない。

海岸地形とサザエ救難《きゅうなん》伝説—琴引浜《ことひきはま》の「白滝《しらたき》神社」をめぐって—

花部英雄

白滝神社と自然環境

京丹後《きょうたんご》市網野《あみの》町掛津《かけつ》にある琴引浜《ことひきはま》は、風光明媚《ふうこうめいび》な砂浜で、「鳴き砂」でも有名な観光地である。ここにサザエにまつわる伝説がある。山陰海岸ジオパーク協議会が発行しているパンフレットの中の「白滝《しらたき》神社」の項に次のようにある。

大国主命《おおくにぬしのみこと》がまつられています。昔、大国主命が

白滝神社の近くから見る「琴引浜」

岩盤を伝って落ちる「白滝」

出雲《いづも》の国より舟で通りかかったとき舟底に穴が空いて、今にも沈むという時、サザエが穴にはまって助かった、という言い伝えがあります。それ以来、この辺にはイガのない丸いサザエがいるといわれています。また、境内には北丹後《きたたんご》大地震で壊れた鳥居がそのままの形で保存されています。

白滝神社に祭られる大物主神《おおものぬしのかみ》は、別名を大国主命とも言い、出雲系の神であることは知られており、そうした勢力の影響下に創設された神社であろう。その大国主命が舟で移動の際に、舟底にあいた穴をサザエが塞《ふさ》いで沈没を防いでくれたという内容は、なんともおおらかな話である。一般にはアワビが塞いだという形で知られているが、伝説の背景にある問題等については後述するとして、ここではまず、白滝神社の自然環境に触れておこう。

パンフレットの記事の最後に、北丹後大地震で鳥居が倒れたとあるが、現在の神社の階段の下にあるのは地震後に立てられたもので、階段の上に倒れた石の鳥居の根元が二本建っている。昭和二年（一九二七）三月のマグニチュード7.3の地震で倒壊した、その生き証人といえる。

神社の名前の由来となる白滝が、神社の西の海に面したところにある。背後の砂丘に染み込んだ雨水が、剥《む》き出しの岩盤から流れ落ちている。また、白滝のすぐ東に岩盤から温泉が湧いていて、春には砂を掘って風呂として利用している。ところが、秋になると「ウラニシ」と呼ばれる強い北西風によって、砂が運ばれ埋められてしまう、いわば季節限定の「露天風呂」である。この温泉のそばに断層があり、地下六五〇mにある四五度の地熱で加熱された湯が、「断層破砕帯《だんそうはさいたい》」を通して地上に湧いてくるのだという。

海に面した陸地の自然環境の一部についての説明は以上として、続いて海の環境にも触れなければならない。

伝説の文化・生活的環境

白滝神社や琴引浜のある丹後半島は、戦国時代、織田信長の配下の長岡藤孝《ながおかふじたか》こと細川幽斎《ゆうさい》が治めていた。歌道に明るい文化人の幽斎が、この琴引浜周辺の地名などを盛り込んだ狂歌を作っている。

根上りの松に五色《ごしき》の糸掛津《かけつ》琴引き遊ぶ三津《みつ》の浦々（『宮津府誌《みやづふし》』）

根上りの松、五色浜、掛津、琴引浜、遊浦《あそびうら》、三津浦《みつのうら》などの地物を歌の中に溶かし込んだ、いわゆる和歌の技巧の一つである「物名《もののな》」を用いた手法である。領内視察のついでに戯れて詠んだものであろうか。この地が景勝地であることは、すでに『千載集《せんざいしゅう》』や『新続古今和歌集《しんしょくこきんわかしゅう》』などの歌にも掛津が詠まれるなど、歌人たちには歌枕として知られていた。

『丹後国宮津記《たんごのくにみやづき》』に「磯伝い行けば琴引浜へ出るなり。この砂地を踏めば琴の音の如く鳴るなり。この上の磯山に根上りの松とて名木あり。それより掛津の浦、および三津浦五色浜とて続きたる景地なり」と記されるのは、幽斎の狂歌を背景にした表現といえる。江戸の紀行、随筆等に好んで取り上げられる名所旧跡の地である。風光をそのように文学的にのみ取り上げるだけでは一面的で、ここに伝説が招来された理由に届かない。地域に住む人々には、名所である前に暮らしがあり、その事情にも触れる必要がある。

琴引浜の長い砂浜の真ん中辺に、少し突き出た形の岩場があり、その辺りを太鼓浜と呼んでいる。そこは地理学で言う「陸繋砂州《りくけいさす》」（イタリア語でトンボロ）という地形で、陸地から少し離れた小さな島の間に砂が堆積《たいせき》して陸続きになっている。そのためその砂は強く踏むと音を立てるので、太鼓浜と呼ばれる。その岩は海底火山灰が堆積してできたとされる小さな穴ぼこの礫岩《れきがん》である。その礫岩層は沖合百メートルまで続いていて、海底の礫岩の穴は恰好《かっこう》のサザエの棲家《すみか》になっているという。伝説の背景には、こうした自然環境が関係している。

左は無棘型《むしがた》サザエ、右は棘がある

　現在立っている神社は、以前はもう少し西側にあったというので、その白滝神社の下の太鼓浜から沖に引いた直線上の海底がサザエの棲家であったとすれば、その海面で舟底の穴をサザエが塞いで沈没を免れたとする話が、現実味を帯びてくる。サザエの棲息地である海から見れば、砂丘の上にある白滝神社は一つの目標地点となる。すなわち漁師が海底の位置などを記憶するための「山アテ」に、この神社を利用していた可能性も考えられる。サザエが船の穴を塞ぐといった、一見、荒唐無稽《こうとうむけい》に見えるこの伝説の存在意義を、こうした生産基盤からとらえ直してみる必要もある。

ところで、伝説ではここのサザエは「イガのない丸いサザエ」であり、それは大国主命を救ったことの報恩ととらえられる。殻《から》の角《かど》の鋭くない無棘型《むしがた》サザエは、波のない内海のサザエに多く棲息するとされる。一方、鋭い殻の有棘型《ゆうしがた》サザエは、波に流されないために棘《とげ》が発達し、波の荒い場所にいると言われる。しかし、専門家によると、それは俗説でサザエの固体差の問題であるという。その是非はともかく、ここの海のサザエが一般と違って殻がイガのないサザエであることが大事なポイントで、それが大国主命の信仰と結びついて伝説化する契機になったのである。いわば差異化が生みだす伝説の発生根拠といえる。代わり映《ば》えのしない光景や、生活と密着しない事象は、伝説から敬遠されることが多い。

「白滝《しらたき》神社御伝記《ごでんき》」の鬼賊伝説

いまここに、白滝神社にまつわる記事をまとめた「白滝神社御伝記」がある。「琴引浜鳴き砂文化館」の元館長をされていた宇野貞夫氏から提供されたものである。白滝神社の「社格」を記した箇所に「式外の小社なり明治六年二月村社に列せられる」とあり、明治六年村社に昇格した事実を挙げていることから、執筆時期はそれ以後となる。著者は不明であるが、その内容から歴史や神道、国学に長《た》けた人物らしい。

地誌や典籍に載る琴引村の事例に始まり、社地の沿革などに触れたところで、「浮津《うきつ》岩より宮の下と称する間に産する鮑《あわび》、栄螺《さざえ》は一檀奇態《いちだんきたい》にして刺《とげ》なし」とある。宮とは

「白滝神社」。その後ろに七座の社が見える

白滝神社のことで、ここの「鮑、栄螺」は「奇態にして刺なし」と述べる。棘《とげ》のないサザエについては、先に話題にしてきたことであるが、この著者はこのすぐ後の割注で「俚老《りろう》の口碑《こうひ》に曰く表米《うわよね》親王鬼賊退治の時云々　これ青東野人《せいとうやじん》の言《げん》にして敢《あ》えて取るに足らず」と記す。「青（斉）東野人の言」とは田舎人の愚かな言葉で、信頼するに足らないという意味で、したがって表米親王鬼賊退治におけるサザエ救難譚は、論外という見方である。ここから書き手のポジションの一端が見られるが、それはさておき、変形のサザエが「表米親王鬼賊退治」に関わるという指摘を残してくれた

ことは、この伝説をとらえる立場としては有り難い。なお著者は、このあと表米親王や他の人物等による鬼退治の歴史考証を縷縷《るる》展開していく。

ところで、著者の記述のスタンスは、記紀神話や新撰姓氏録《しんせんしょうじろく》など公記録の記述をもとに、一般に流布する「表米親王鬼賊退治」を否定していく。その矢面に立たされたのが日下部《くさかべ》氏の関わる系図や縁起類で、その妄説を正し、歴史的事実の真偽を明らかにするというのが、その趣旨である。日下部氏の先祖である表米親王の鬼賊退治は正史には見られず、それは天智元年の新羅《しらぎ》襲来を撃破した事件をもとにしたもので、その時の大将軍は用明《ようめい》天皇の第二皇子の「来目《くめ》親王」であるとする。

その来目親王は新羅渡航のため赴いた筑紫で病没し、弟の「麻呂子《まろこ》皇子」が引き継いで将軍となる。しかし、麻呂子皇子も侵攻前に、妻が逝去したため征韓せず、その後、竹野《たけの》郡に戻り、この地に留まったとする。正史を根拠にしたとされるこの解釈は、実は白滝神社の境内に祭られる七座の一つである「刑部《おさかべ》神社」が、麻呂子親王を祭神とすることから、それに結びつけたものであると思われる。来目親王および麻呂子親王、そして兄弟の母「間人皇女《はしひとのひめみこ》」の三人を祭神とする刑部神社との整合性を図るために、構想された解釈といえる。丹後地方に広く分布する「鮑救難譚《あわびきゅうなんたん》」を、白滝神社の境内摂社である「刑部神社」の由来に結びつけた、新たな「サザエ救難譚」の形成といえる。

刑部神社がどのような経緯でこの地に祭られるにいたったかについては不明であるが、この御伝記が書かれた事実も含めて、かつての琴引浜が現在からは想像もつかないほど殷賑《いんしん》を極めていただろうことは推測できる。

「サザエ救難譚」と「山陰海岸ジオパーク」

さて、「サザエ救難譚」のもとになった「鮑救難譚」が、山陰海岸の地にどのように伝承されていたのかについて、そのあらましを見ておきたい。鮑救難譚は、「白滝神社御伝記」が否定した孝徳《こうとく》天皇の皇子の表米《うわよね》親王が、赤渕《あかぶち》大明神あるいは粟鹿《あわが》明神の化身である鮑が親王の船の穴を塞いで、無事に討伐することができたという話である。その表米親王が養父《やぶ》郡の大領《だいりょう》を賜り、日下部氏の先祖になったと伝える。そのため、日下部氏やその一統は赤渕大明神や粟鹿明神を祭り、また鮑を食べないなどと伝承されている。

また一方では、これも日下部氏の先祖とされる彦坐命《ひこますのみこと》による同様の異族退治を伝える話もある。彦坐命は記紀の崇神《すじん》天皇条に掲げられる「四道将軍《しどうしょうぐん》」の一人で、丹波の玖賀耳之御笠《くがみみのみかさ》を退治した人物である。玖賀耳之御笠が海に逃げたのを追って、海上に出たところ船に穴が開いて鮑に救われたとする物語構成を取る。両者がどのような関係にあるのかは今後の課題として、丹後から但馬《たじま》、因幡《いなば》に掛けての山陰海岸に広く知られる伝説である。

その一例として、兵庫県新温泉町《しんおんせんちょう》浜坂《はまさか》にある宇津野《うつの》神社の「鮑の清水」という話を紹介する。

此《この》清水ハ浜坂村社宇津野神社ノ山麓ニアリ清水湧出《ゆうしゅつ》シテ四時《しいじ》渇《かわ》ク事ナシ地方人某《それがし》冷水甘味ヲ賞シ病者之レヲ鮑ノ御神水ト称シ祈願飲用シ宿願ヲ賽《さい》スルノ例アリ一説ニ曰ク今ヲ去ル千余年ノ昔俵《（表カ）》米親王ノ臣赤潤信珠ナルモノ或時《あるとき》海上ヨリ乗船シ来リ其時沖合ハ暴風ニテ波濤《はとう》ヲトナリシガ船底ニ一ツノ節穴アリテ船将ニ沈《まさ》マントスル時大鮑《おおあわび》来リテ壊《こわ》レ目ニ吸付キ漸《よう》ヤク危難ヲ免《まぬが》ルヽコトヲ得タリ茲《ここ》ニ於《おい》テ信珠之レヲ徳《とく》トシ採リテ此所《ここ》ニ放チ祭レリト傳《つた》フ

（『美方郡誌全』一九七三）

薬用ともなる名水が、難船を救ってくれた鮑を放生したことに由来すると説く。「俵米」は表米であろうが、「赤潤信珠《あかまのぶたま》」なる人物は聞かない。地元の人、あるいは神社関係者なのであろうか。「表米親王鬼賊退治」から海戦が抜け、単に船の移動の際に起こったとする構成は、大国主命《おおくにぬしのみこと》が白滝神社に祭られる内容と同様である。地域事情にもとづき説話が再構成されている姿を示すものであろうか。

さて、こうした局地化する伝説の傾向に注目する一方、大局的な視点から伝説の背景をとらえておく必要もある。かつて日本海は、大陸からの文物の輸入など、交易の手段として多く利用されてきた。歴史的に見ても古く渤海国《ぼっかいこく》の遣使《つかわしめ》や交易、遣唐使《けんとうし》、遣隋使《けんずいし》など、文化の入口の役割を果たしている。

ただその裏側で、神功皇后《じんぐう》の三韓出兵や蒙古襲来《もうこしゅうらい》、秀吉の朝鮮出兵など、隣接するがために一触即発《いっしょくそくはつ》の危険と緊張を孕《はら》んだ空間でもあった。それは倭寇《わこう》や近代における韓国併合《へいごう》などにも続いてくる。そうした戦争に関わる時代背景が、物語や伝承世界にも影響を与えないはずはない。

三韓征伐の際に安曇磯良《あづみのいそら》（安度部磯良《あとべのいそら》とも）が龍宮から干珠満珠《かんじゅまんじゅ》の宝を借りてきて援助したという『太平記』に伝わる話には、海人《あま》の活動が想定される。幸若舞《こうわかまい》の「百合若《ゆりわか》大臣《だいじん》」は、蒙古襲来を逆手にとり、百合若は敵を撃退するが、油断の為に島に置き去りにされてしまう。

戦闘とは関係しないが、十三湊《とさみなと》を出発した義経が、さまざまな異界の国々を廻る「御曹司島渡り《おんぞうししまわた》」は、海の向こうを異人の棲む異域《いいき》とみなす素朴な発想が基調となっている。「浦島太郎」は、見方を変えれば大陸の文化や人間との交流を、物語の後景に配置していると理解することもできる。

そうした日本海の物語空間を背景に、庶民の生活レベルから構想したのが「鮑救難譚」といえなくもない。山陰海岸で海と向き合って暮らす人々の生活世界が、これらの物語に反映された伝承説話といえる。

ジオパークと温泉伝説

冨樫　晃

温泉とメカニズム

山陰海岸ジオパークのＰＲ活動の中でも、温泉は大々的に取り上げられている。ジオパーク域内に、目立った活性の火山がないにもかかわらず、多くの場所で高温の温泉が噴出するのは、意外な感じがする。私たちは「山の温泉」という言葉に慣れきっている。

地面を深く掘り下げていけば、温泉が出てくることは周知のことである。地球の内部には地熱があり、地球の中心部では四、〇〇〇から六、〇〇〇度の高熱になっているとされる。普通の地域では、地下百メートル下るごとに摂氏三度上昇するという。したがって、その地熱に地下水が流れれば温泉になる理屈である。地下の岩盤に断層がある場合は、自然に温泉が湧き出てくることになる。

こうした温泉のメカニズムがよく知られていない時代に、地中から高温の湯が湧き出てくることは、人々にとって不思議で奇跡的な現象と思われたであろう。そのため、その現象を神仏の霊験《れいけん》と結びつけ、また、鳥獣による温泉発見伝説が生み出されてきた。そして、温泉発見伝説と結びつけた寺社は、病気治癒の施行《せぎょう》としての温泉経営にも関与した。

山陰海岸ジオパーク域内で高僧が発見、または開発したという伝説を持つ温泉のうち、豊岡市の城崎温泉《きのさきおんせん》、京丹後市の木津温泉《きづおんせん》を取り上げ、宗教や信仰にもとづく伝説形成と、温泉の開発にかかわる寺院の関与を取り上げていきたい。

城崎温泉の高僧温泉発見伝説

城崎温泉の開湯《かいとう》伝説には二つある。一つは、舒明《じょめい》天皇（六二九）の頃に、怪我をした鴻《こうのとり》が湯で治していたことで発見されたとする「鴻の湯の由来」の伝説である。もう一つは、元正《げんしょう》天皇の養老元年（七一七）に、この地を訪れた道智上人《どうちしょうにん》が難病の人々を救う為に、鎮守である四所明神《ししょみょうじん》に祈願を込めて一千日の間八曼陀《はちまんだ》羅《ら》を唱え、その祈願によって始まったとする「曼陀羅

鴻が発見したと伝える城崎温泉「鴻の湯」

湯の由来」の伝説である。そのうちここでは、曼陀羅湯発見伝説と「温泉寺」との関連について考察していきたい。

城崎温泉の鎮守である四所明神は、和銅元年（七〇八）に日生下権守《ひうけごんのかみ》という者が夢中に現れた四柱の神の神託に従って創建したという。そして、養老元年に当社に参拝した道智上人に神託があり、「曼陀羅湯」が開湯したと伝えられている。『城崎温泉誌』（一九二四）によると、元正天皇の養老元年に、この地を訪れた道智上人が難病の人々を救う為に、当所の鎮守四所明神に祈願を込め、明神の神託を得て一千日の間八曼陀羅を唱え、その祈願によって城崎温泉が開かれたと記載されている。

この伝説を記録したものに、道智上人が十一面観音の示現《じげん》により、開創したとする温泉寺にまつわる縁起がある。大永八年（一五二八）に恵範律師《けいはんりっし》が書写した『温泉寺縁起帳』（通称、温泉寺縁起）で、こちらは江戸時代に入ってから何度か転写されている。もう一つ、『日生下氏家宝旧記』（通称、曼陀羅記）と呼ばれ、城崎温泉の旧家「古まん」の日生下氏、「まんだら屋」の石田氏、「大和屋」の結城氏に、それぞれ伝えられていた三本を、温泉寺二十六世竜照師が、大正末期に照合転写したものである。このうち、石田氏に伝えられていたものが、「曼陀羅湯由来記」である。

この四所神社の創建者である日生下氏は、出石《いずし》に本拠を定めた渡来系の人物であり、

温泉寺開祖道智上人の像

但馬を開拓したとされる天日槍《あめのひぼこ》の子孫とされる。『但馬世継記』によると、四柱の祭神には、自らの先祖神である天日槍、御出石櫛甕玉《みいずしくしみかたま》と温泉にゆかりの深い大己貴《おおなむち》、少彦名《すくなひこな》を祀り、社名も湯所明神であったという。

曼陀羅湯に関しては、四所明神と温泉寺という、二つの宗教勢力が深く関係している。但馬の開拓者である出石系神の子孫で、四所神社の神官であった日生下氏と、新たに城崎に進出してきた真言宗とである。『温泉寺誌』によれば、縁起に記される内容には、本尊観音像安置の由来、四所明神に導かれての湯島への入植開拓伝説、霊湯湧出にまつわる開基の事績の三つがある。曼陀羅湯にまつわる記事は、日生下氏と真言宗とがそれぞれの伝承を複合した縁起を形成し、曼陀羅湯開湯伝説を成立させていったのではないかと考えられる。

高僧開湯縁起の特徴は、その由来だけでなく、その入浴作法にもある。文化年間（一八一〇年代）に温泉寺から版行された『但州《たんしゅう》城崎《きのさき》温泉《おんせん》観音《かんのん》並びに湯の縁起』という冊子がある。「惣《そう》じて入湯のかたがたは信心けんご（堅固）にし給ふべし、霊湯をおろそかにおもふべからず、若《も》し不信心にして、入浴あらばほうべん（方便）のいずみ（温泉）たりといふともたやすく（簡単に）そのしるし（効果）あらはれがたし」とする。

また、女の月の穢《けが》れについては、温泉寺で道智上人の霊符《れいふ》を買い求めてもらえば「入浴も可なり」と述べる。もし、用いなければ罰があるとし、開祖道智上人の霊符の効果を、最大限の歌い文句にしている。入浴を宗教的儀礼とするこの入浴作法は、開祖の道智上人の開湯伝説に基づいた宗教的権威による裏付けをもとに、構想されていることがわかる。

行基の木津温泉の発見伝説

木津温泉は、著名な高僧の行基により発見された伝説を有する一方で、別名「白鷺温《しらさぎおん》泉《せん》」とも呼ばれるように、奈良時代の行基《ぎょうき》が、白鷺が傷を癒しているのを見て発見したという伝承も残されている。

真言宗の寶貴山中性院《ほうきさんちゅうしょういん》の寺伝（江戸期成立？）によると、天平一五年（七四三）に飢饉が起こり、この丹後の木津でも疫病が発生した。その時、この地を訪れていた行基が法力をふるうとともに、人々に温泉につかるよう説いて回ったため、この木津の地は疫病の難から救われたとある。寶貴山中性院は行基開基の寺であり、この寺院が、積極的に温泉の療法を指導したとされる。

木津周辺には、奥丹後に来訪した行基が開基した寺院が多く存在している。その木津温泉は、後年廃れてしまったようで、明治一九年の内務省衛生局編『日本鉱泉誌』には、温泉の始まりが江戸末期の嘉永《かえい》二年（一八四九）と記載されている。古伝を採用していないことから、一時期、温泉が断絶していたことが窺える。

木津温泉の行基開湯伝承は、温泉に関わる寺院による江戸時代の記録に基づいていることがわかる。開湯時期より一時期温泉場そのものが廃れ、寺院から武士階級に経営が変わるか、もしくは再興した寺院によって温泉場の再建が行われたようである。

行基の活動については、『続日本紀《しょくにほんぎ》』や『行基年譜』、『行基大菩薩行 状記《ぎょうじょうき》』らの史書類に多数残されており、これまで研究者によって明らかにされている。行基の活動記録によれば、木津温泉に行基が訪れたという記録もなく、行基により建立、開基されたと伝わる寺院の寺伝等により、行基の業績が伝わるのみである。木津温泉には公的な記録に残る開湯説話がない。

ただ、天平の飢饉時に、皮膚病といわれる疫病が発生し、この地を訪れていた行基が法力とともに、人々に温泉につかるよう説いてまわったため、疫病の難から救われたとの伝承は前述した。有馬温泉が『古今著聞集《ここんちょもんじゅう》』にある説話をもとに、皮膚病患者を救済したら薬師如来であったとする縁起に似た伝承が、この木津温泉にも存在した可能性もある。

城崎温泉、木津温泉の伝承の特色は、山陰ジオパーク地域に多く見られる動物、特に鳥による温泉発見譚すなわち城崎温泉は鴻、木津温泉は白鷺による発見譚に加えて、高僧による温泉発見を併行して持ち伝えていることである。温泉の経営者の縁起等による高僧開湯伝説の流布にもかかわらず、動物温泉発見譚が根強く定着して消えることなく、むしろ寺院側の流布する説話と融合する形で伝承されてきたと考えられる。

Ⅱ　海・川と伝説

丹後《たんご》、但馬《たじま》の海は、古代にさかのぼる歴史の海でもある。大陸からの歴史的な文物《ぶんぶつ》の輸入には、日本海や山陰海岸の港が欠かせない。地殻の変動による海岸段丘などで生まれる自然の良港や、冬場の日本海の激しい風や波が運ぶ砂が潟湖《せきこ》を造り、港に利用される。変化に富んだ長い海岸線の山陰海岸は、古くから海運が発達し、また豊富な海産物を求めて、蜑族《あまぞく》（海人）が住みついた。浦島太郎はその系譜に位置する人物と思われる。

一方で海水の蒸発は、多量の雨や雪、霧を持ち込む。「弁当忘れても傘忘れるな」の諺が、この地域の特徴を示している。なお、豊岡市では「地震《じしん》雷《かみなり》火事親父」に「それより怖いが川の水」と加えられる。豊岡市内には海抜十〜二〇Mの表示板があちこちに目立つ。低地を流れる丸山川の氾濫はその地形にもよる。この章では、そうした海や川の伝説を取り上げる。

（花部英雄記）

浦島伝説の記録を読む—丹後《たんご》・但馬《たじま》をめぐって—

山田栄克

昔話「浦島太郎」と伝説

助けた亀に連れられて竜宮へ行った浦島太郎が、開けてはならない玉手箱を開けて老人となるという昔話は誰もが知る話であろう。日本人の常識ともいえる昔話「浦島太郎」は、明治四三年の国定教科書にもとづいていると言われる。その国定教科書の編集に加わった人物の一人に児童文学者の巌谷小波《いわやさざなみ》がおり、彼の意向が強く反映しているとされる。というのも、小波は明治二九年に、自らの著作『日本昔噺《むかしばなし》』に「浦島太郎」の話を書いているからである。その概略を示すと次の通りである。

網野町浅茂川の「嶋児神社」
にある浦島のモニュメント

昔、丹後の水《みず》の江《え》に浦島太郎という漁夫がいて、ある日、亀児《かめのこ》がいじめられていたのを買い取って海に放してやった。翌日、亀児が現れ、浦島を竜宮城へ連れて行く。竜宮城でごちそうや宴会など楽しい時間を過ごす。しかし、父母のことを思い出し、乙姫《おとひめ》に告げると玉手箱を差し出し、開けてはならないという。亀児と元の浜辺に戻り、家に入ると見知らぬ人がいて、浦島太郎の話は七百年前の話だという。茫然とした浦島は、浜辺で玉手箱を開けてしまうと、紫の煙が立ち上り、皺《しわ》だらけの老爺《ろうや》になってしまう。

巌谷小波の浦島太郎は、江戸初期に刊行された御伽草子「浦島太郎」をもとに作品化されたとするが、これが小波の手を経て、国定教科書に採用され、いわゆる標準的な「浦島太郎」ができあがるのである。

しかし、浦島太郎は日本の二〇数ヶ所の地域で、土地のさまざまな事物と結びついた伝説として、信じられる形で伝承されている。山陰海岸ジオパーク域内の京都府京丹後市網野《あみの》町の浦島もその一つである。

むかし、ずっと昔、今の旧網野村が松原村と福田村という二つの村にわかれていたころの話です。その頃、この家は二七ヶ村の支配を許されていたといい伝えられています。

ここに水の江の長者とよばれていた日下部《くさかべ》氏の家があり、この水の江の長者、日下部曽却善次《そきゃくぜんじ》の代に夫婦の間に子供がなく、なんとかして、子宝に恵まれたいと、百日の祈願をして、毎日天に祈りました。

それはちょうど満願の夜、夫婦は不思議に同じ夢を見たのです。神の姿があらわれて、二人の心からの願いを聞き届けよう、明朝、福島まで来い、というお告げが聞かれたのであります。

翌朝、二人は喜んで福島まで出かけて見ますと、生まれたばかりの赤子が布団にくるんで置かれていました。さっそく抱いて帰り、嶋子《しまこ》と名付け、大切に育てました。

（伴とし子『竜宮にいちばん近い丹後』自家版、一九九〇年）

この嶋子が竜宮へ行く主人公である。釣り上げた魚は、岩場に海水が溜まり、天然のいけすとなる「釣溜《つんだめ》」に入れて置いたという場所や、嶋子がいた福島という地名を、今でも確認できる。そして乙姫とは浦島が置かれていた福島で出会い、誘われて竜宮へと旅立つ。竜宮での楽しい日々は続いたが、望郷の念に駆られた嶋子は、玉くしげを受け取ると帰郷し、町内の万《ばん》畳浜《じょうがはま》にたどり着く。しかし故郷は変貌しており、嶋子は嘆き悲しみ、開けてはいけないという玉くしげを開けてしまった。すると、しわだらけの顔となり、驚いた嶋子はその皺《しわ》を榎《えのき》に投げつけた。それが銚子山古墳《ちょうしやまこふん》にある「しわ榎《えのき》」と言われている。

銚子山古墳近くにある「しわ榎」

以上が網野町の「浦島太郎」である。「釣溜《つんだめ》」「万畳浜《ばんじょうがはま》」「しわ榎」などといった事物や、「日下部曽却善次《くさかべそきゃくぜんじ》」という家と結びついた伝説として伝えられている。この伝説がどのように形成され、そして継承されてきたのかが、当面する課題である。網野町を中心として丹後半島に伝わる浦島伝説を、文献資料を主として読み進めながら、その変遷過程を探っていきたい。

史書、地誌等に見られる浦島太郎

浦島太郎の伝説のある網野町は、明治三七年に隣村の浅茂川《あさもがわ》村と合併してできた町である。ただ古くからある網野の地名のある場所は、現在の網野地区に相当する。この網野は「奈良期~平安期に見える郷名。「和名抄」丹後国竹野郡六郷の一つ」(『京都府』上「角川地名大辞典」一九八二)とあるように、古代からの地名である。

その網野町の浦島伝承の中心が「網野神社」である。神社の祭神は、「日子坐王《ひこいますおう》(水江日子坐王)、住吉大神、水江浦嶋子神」の三柱である。「当社は延喜式内社であるので創立は十世紀以前とみられています。元々は三箇所に御鎮座されていたものを享徳《きょうとく》元年(一四五二)九月に現在の社地に合併奉遷《ほうせん》されたと伝えられています」と、境内の掲示板にその由緒が記されている。

浦嶋子を祭神とする神社には、他にも海の近くの浅茂川地区の「嶋児神社」がある。この嶋児神社の大鳥居は「初老記念」として、昭和一二年七月に建立されたもので、その傍の「浦嶋太郎像」や「龍宮亀」も、同じく初老記念に奉納されている。このように浅茂地区の浦島は長寿のための年祝いと結びつけられ、土地の人々には浦島が長寿のイ

「初老記念」に建てられた嶋児神社の大鳥居

メージを持って認識されていることがわかる。しかし、現在「日下部首《くさかべのおびと》」や「曽却善次《そきゃくぜんじ》」といった伝説にある固有名詞を知っている人はほとんどいない。したがって、ここでは記録に出てくる浦島太郎を取り上げる。

文献上最も古いとされるのは七二〇年成立の『日本書紀』で、雄略《ゆうりゃく》天皇二二年「秋七月に、丹波国の余社《よさ》郡の管川《つつかわ》の人、瑞《みづ》の江《え》の浦嶋子《うらしまのこ》、舟に乗りて釣す。遂に大亀を得たり。便《たちまち》に女《おとめ》と化為《な》る。是に、浦嶋子、感《たけ》りて婦《め》にす。相逐《あいしたが》ひて海に入る。蓬萊山《とこよのくに》に到りて、仙衆《ひじり》を歴《めぐ》り観《み》る。語《こと》は別巻《ことまき》に在り。」とある。浦嶋子の釣った大亀が乙女に化し、一緒に蓬萊山に行ったという簡単な内容である。

古代日本の正史とされる『日本書紀』の浦嶋子の記事が、近代にいたるまで正統な浦島の物語の基本に位置づけられていく。

続いて、事の詳細に触れたのが「丹後国風土記《たんごのくにふどき》」逸文《いつぶん》である。それには「日下部《くさかべ》の首《おびと》らが先祖、名を筒川《つつかは》の嶋子《しまこ》」とあり、浦島が日下部首氏の始祖になっている。嶋子が「五色の亀」を釣り上げると、たちまち「婦人《おみな》」になり、そのあと蓬萊山に出かける部分は『日本書紀』と同じである。しかし、蓬萊山の仙宮で三年の間遊楽にふけるが、故郷の父母を想い出し、玉匣《たまくしげ》をもらって筒川《つつかわ》に戻ると、すでに三百年が過ぎており、玉匣を開いて老人になってしまう。

次に近世初期の御伽草子「浦島太郎」によると、浦島には「太郎」という名前が付けられる。これは「子」という意味が時代とともに「子ども」を表すものとされ、「浦島の子」という意味で、男児の代表的な名である「太郎」と名づけられたのだとされる。また、御伽草子は仏教の影響を受けて、亀は放生会《ほうじょうえ》の一環として海に帰されることになる。

ところで、ここまでの記録ではすべて、浦島の出生地を丹後半島の東部の与謝《よさ》の地としている。与謝郡伊根《いね》町には浦島を祭神とする「浦嶋神社」（宇良神社とも）が鎮座しており、『日本書紀』以下はここを浦島の舞台としているのである。したがって半島西部の京丹後市（旧竹野郡）網野町の浦島は、古代の記録には登場しない。網野町の浦島について記された最も古い記録は、管見の限りでは鴨 長明《かものちょうめい》の『無名抄《むみょうしょう》』（一二一〇）である。「あさも川明神事」として、次のようにある。

丹後の国与謝の郡に、あさも川の明神と申す神います。国の守の神拝《しんぱい》とかいふ事にても、御幣《みてぐら》など得《え》給ひて、祭らるる程の神にてぞおはすなる。是は、昔の浦嶋の翁《おきな》の神となれるとなんいひ伝へたる。物騒がしくはこ開《あ》けし程の心に、神の心に、神と跡を留《とど》め給へるは、さるべき権者《ごんじゃ》などにてや有りけん。

（『歌論集・能楽論集』岩波書店、一九六一）

この「あさも川明神」に祭られる「浦嶋の翁の神」が、現在の行政区分でいう京丹後市網野町の浅茂川地区にある「嶋児神社」といえる。浦島がこの地に誕生したという伝説については、最初に紹介した通りである。しかし、『無名抄』では「あさも川」のある郡名を「与謝の郡」と述べて、伊根町の浦嶋神社との混乱が見られる。都の人々からすれば、丹後半島の一部といった認識かもしれないが、現地に暮らす人々にとっては重大な問題である。ここでは両者の関係に注目しながら、その後の推移を見ていきたい。

丹後半島の東と西の浦島伝説

近世期の網野町の浦島伝説に言及されている早い資料に、『神社啓蒙《けいもう》』(一六六七年の序がある)がある。その「網野社」の項に「丹後ノ國竹野郡阿佐茂《あさも》川ノ東網野村ニ在リ。祭る所之《の》神一座、水江浦嶋子」とある。ここでは網野社の祭神として「水江浦嶋子」が挙げられており、この記事の後に、『日本書紀』や「丹後国風土記逸文」の内容が紹介される。

さらに、江戸中期の『丹後田邊府志《たんごたなべふし》』(一七〇九)には、「竹野郡阿佐茂川の東網野社は浦島大明神」であるが、この「網野社別号《べつごう》は吉野社《よしのしゃ》」であると述べる。「別当は社僧にて来迎寺《らいごうじ》といひて密宗なり」という。神社を来迎寺の別当が管理するというのは、本地の仏が神に姿を変えて現れたとする「本地垂迹説《ほんじすいじゃく》」によって整合性をつけたもので、浦嶋大明神を祭る網野社が来迎寺の管理にゆだねられていることを示すものであろう。そのあと神社の宝物を紹介するが、その中に文殊菩薩像の他、「大納言巨勢金岡が書たる浦嶋子の像一幅《いっぷく》今に傳へり」と、平安初期の宮廷絵師巨勢金岡《こせのかなおか》の浦嶋子の絵が、寺宝とされていることも述べられている。現在でいえば、神社と寺が混在している状況であ

与謝郡伊根町の浦島神社（宇良神社とも）

るが、明治初期の「神仏分離令」以前にはありうることである。仮に網野社が来迎寺の管理下にあったとすれば、来迎寺とはどこの、どういう寺かということが次に問題になってくる。

　このことを考えるためのヒントとなるのが、『宮津府志《みやづふし》』（一七六二）である。『宮津府志』は、諸文献を引きながら説明を加えるが、そのうち『浦嶋子口傳記《くでんき》』（『民俗と文献』第一号に翻刻される。自刊、一九七三）を引いて「浦嶋太良、曾布谷二良、今田三良有㆓兄弟三人㆒。其大祖《たいそ》者《は》蓋《けだし》月読尊浦嶋太良其苗裔《びょうえい》、即当地領主也。」と記す。浦嶋太良（太郎）に曽布谷二良（次郎）と今田三良（三郎）の兄弟がいるということ、そして、浦嶋の太祖は「月読尊」であり、また、その浦嶋の末裔が現在当地の領主であると述べる。

　この記事がどのような経緯のもとに書かれたのか、その背景はわからないが『浦嶋子口傳記』は「奥書によれば元禄九年（一六九六）三月に浦嶋社（現宇良神社）別当平野山来迎寺の住持法印真南《しんなん》の手によって、丹後伊根庄に伝わる浦島伝説の代々の口伝《くでん》を書写させた」ものであると記されている。浦嶋社の別当である来迎寺の住持すなわち真南という法印が、伊根町に伝わる口伝をもとに書いたとする。

この奥書が興味深いのは、前述した網野にある浦嶋を祭る「網野社」の別号も「吉野社」であり、「別当は社僧にて来迎寺」であるとするのと一致していることである。すなわち、伊根町の来迎寺が、伊根町にある浦島社と同様に、網野町の浦嶋大明神を祭る網野神社をも一緒に管理していたという可能性が見えてくるのである。江戸の中期ごろ、勢力を持つ寺が神社の管理に積極的に関わっていたことを示す資料のように思われる。さらに、『浦嶋子口傳記』では、その末裔が当地の領主であるとする。政教一致の構図が読み取れるのではないだろうか。この記事は、それまでの浦島伝説に新たな部分が追加されるなど、新たな時代の中での編成変えが行われていることを示しているといえる。この動向はさらに注目していく必要がある。

網野町の「嶋児神社」と「網野神社」

ところで、前述した『宮津府志』にある記事で、もう一つ注意しておくべきものがある。実は唐突な形で、根拠は示されずに浅茂川にある奈古社《なこしゃ》は浦嶋子を祭っていると述べる部分がある。これについて、同じ年に書かれる『丹哥府志《たんかふし》』の「奈古社」の項の方には、「今浅茂川の東に奈古社とて海浜の小山に小社二座あり、社の後に鏡懸松《かがみかけまつ》といふ古松あり、是延喜式に所載の網野神社当《まさ》に此なるべし。」とある。海辺に近い小山の二つある小社の奈古社こそが、延喜式内社の「網野神社」であると述べる。地理的な感覚からすれば奈古社とされるのは、現在地元でいうところの「嶋児神社」のことであろう。地誌のこうした記事が、地域の実情の正確さに欠けるものなのか、あるいは記事の背後にどのような理由が隠されているのか、ここでは判断しかねるところである。

それはともかく、話題を来迎寺の関わる浦島太郎に話を戻すと、『宮津府志』や『丹哥府志』が記録された一七六一年から、さらに二〇年後に書かれた『丹後舊事記《たんごくじき》』（一七八〇）にも、浦島兄弟のことが記される。それによると、「水江能野長者日下部浦島

京丹後市網野町にある「網野神社」

太郎」「能野長（者）曾却善次」「能野長（者）伊滿太三郎」「能野長（者）日下部嶋子」という四人の人物を取り上げ、それぞれの経歴を記している。いまこれらの人物関係を整理すると、四人とも「能野長者」の係累《けいるい》であるが、浦島太郎の長男が曽却善次で、次男が伊滿太三郎、そして曽却善次の子に、日下部嶋子がいるということになる。曽却善次には子がなく、天に祈請して得た子が日下部嶋子で、嶋子は蓬莱宮に行き戻ってきたという（『宮津府志』による）。蓬莱山を訪問する浦嶋子は、実は浦島太郎の甥であるとする。この人物の続柄《つづきがら》は御伽草子「浦島太郎」を中心としたものではなく、『日本書紀』や丹後国風土記逸文に基づいた人物関係ということになる。

さらに問題となるのは、この四人がいずれも能野一族と説くが、この「能野」の読みをヨシノと読むと、来迎寺の真南法印が管轄したところの「吉野社」と関係してくる。この問題は、後出する資料によってさらに確かめられる。

『丹後舊事記』は網野村の網野神社の祭神を住吉大明神と水の江浦嶋子と記す。「住吉大明神」を唐突に持ち出したように見えるが、その根拠について示されることもないので既成事実として受け止めているのであろうか。一方、一八五七年の序のある『北丹《ほくたん》勝景集《しょうけいしゅう》』には、「浦嶋は此国与社郡菅川の人」であり、「渡津見《わたつみ》の神の乙《おと》めに誘はれて常世《とこよ》」に三年滞在したことは「万葉集の哥に極めたり」としている。そして、浅茂川の

「隣に網野の郷に住吉の社あり」と述べ、『万葉集』の高橋虫麻呂の長歌の「墨吉《すみのえ》」が、網野の住吉社の近くの砂浜と一致することを主張する。ここでは『万葉集』を引いて、浦島との整合性をはかる叙述といえる。

さらに、その後に釣った魚を活《い》かし置く「釣溜《つんだめ》」や岩窟の上に「宮居《みやい》」があり、傍に嶋子が帰郷の時に「鏡を置て老顔を照せし」「鏡懸の松」があると記す。「丹後国風土記逸文」の信憑性を高めるために伝説物を配置するといった形で、現在の地域に伝わる伝説に近づいていく。

以上の地誌や随筆類の記録のほかにも、地元には独自の記録が残されている。網野神社の代々の神主をしてきた森家に、日下部氏や浦島と関わる系図が所蔵されている。三本あるうちの最古のものとされる一八六九年作成のものを、内見することができた。それによると、当社の縁起にある、嶋子が海神の都から持ち帰った七種(玉手箱、玉、鏡、寿命薬、干満珠など)の宝があるという。

また、玉手箱を開くと白雲が立ち込めて老衰したので、その皺《しわ》を榎《えのき》に投げつけた。また遺体を石棺に入れて埋めた「石ノ櫃戸」の墓がある。海の都に出かけた四月三日の祭礼は、当地の「網野四氏」や「前田姓」などが関わって行われる。網野神社の棟札《むなふだ》などを調べると、「彦坐王《ひこますおう》」の後胤《こういん》である日下部氏の「日下部嶋垂根命《しまたるねのみこと》」「日下部垂見宿《たるみのすく》禰《ね》」がこの網野に代々住居し、そのうち「日下部曽却善次（浦嶋太郎）」の長男「嶋子」が龍宮に行ったという。また善次の弟「伊満太三郎」は宮中の勤めを終えて故郷に帰ってきたという。

これまで丹後の地誌や随筆等に書かれてきた内容に基づきながら、関係する一族や儀礼等を盛り込んだ形で構成されている。これによって、初めに紹介した今に伝わる網野町の浦島伝説の材料はすべてそろったといえる。なお系図には、朱や黒く塗りつぶした箇所も少なからずあり、記述内容には揺れが見られる。始祖の栄光を意図した系図作成は浦島伝説に限ることではないが、浦島の場合でも、近世末期に他地《たち》で確認できる。

例えば、神奈川県浦賀《うらが》の浦島氏は自らの伝承に浦島を取り込み、一族の正統性を主張していた。また、広島県尾道《おのみち》市の縁起も、他地の縁起を参照しながら構築していた。こうした背景には、近世末期という時代が、浦島と関連する歴史的、文化史的な問題があるのかもしれないが、地域の伝承を読み解く本稿の問題意識を越えている。

ポスト浦島の行方

浦島の話は古くから歴史や物語、伝説等の形で記録され、また、さまざまに愛好され

京丹後市後ヶ浜海岸にある間人皇后と
聖徳太子のモニュメント

変容を遂げてきた。今回は丹後半島の浦島伝説を取り上げ、地域の歴史や生活の視点から地誌や随筆、系図などの文献資料を通して、浦島伝説の形成を跡づけてきた。

殊に、江戸の中期以後の宗教や領地支配の政策等が、伝説の再構成に深くかかわっていたことを、資料から読み取ってきた。具体的には、来迎寺という仏教勢力が、浦島の神を包摂《ほうせつ》する形で取り込み、またそこには、地域の有力者の領地支配や権威志向の意図が組み込まれて再編成されているということになる。

ただ、伝承は真性でも素朴でもない。時代の優勢な力等によって枉《ま》げられることもしばしばであろう。そのように伝説は変化を遂げていくが、変化を促し受け入れていく状況の要因を探求し見極めていくことは大切である。歴史を共有し創造していく一歩につながるからである。

ところで、その浦島の里に、最近「七姫《しちひめ》」が新たに登場してきた。これは、京丹後市で伝承されている話の女性七人「乙姫、小野小町、川上摩須郎女《かわかみのまきらのいらつめ》、細川ガラシャ、羽衣天女、間人皇后《はしうどこうごう》、静御前《しずかごぜん》」を取り上げ、相互に取り結ぶ試みといえる。その仕掛けは京丹後市観光協会が主体となって、パンフレットを作成し、市をあげて取り組んでいる。これを歴史の改竄《かいざん》と杓子定規《しゃくしじょうぎ》に解釈するのは大人げない。歴史に耐えられないものは、いずれ闇に葬られていくしかないと泰然と構えて、その行方を見ていく態度も必要であろう。

浦島伝説の背景には、日本海に面したこの地域の生活や環境が深く浸透しており、したがって変容しながらも、コアな部分は変えてはいないように見受けられる。それだけ地域の人々の心の奥に、浦島の精神が根をおろしている証拠であろう。ポスト浦島が、今後どのように展開していくか、伝承の現在に注目していく必要がある。

浦島伝説と日本海——網野《あみの》町の「浦嶋子《うらしまこ》」を中心に——

北村規子

京丹後市には「銚子山古墳《ちょうしやまこふん》」など、古代の遺跡が多く残されている。この地で古代の人々がどんな思いで暮らしていたのか、今に伝わる伝説からその残影《ざんえい》を読み取ることができないだろうか。網野町の浦島太郎（伝説では浦嶋子《うらしまこ》）の話を取り上げて考えてみたい。明治生まれの地元の森元吉《もときち》さんの語った話を、網野町の歴史や伝説の研究者・伴とし子氏の記録した『竜宮にいちばん近い丹後』（自家版、一九九〇）から、その概要を示す。

むかし、水の江の日下部曽却善次《くさかべそきゃくぜんじ》夫婦には子どもがなく、毎日天に祈りを捧げていると、ある日の夢に神が現れ、明朝、福島まで来るようにお告げがあった。喜んだ夫婦が、海辺の福島に行くと、生まれたばかりの赤子が布団にくるまれていた。さっそく抱いて帰り、嶋子《しまこ》と名づけて大切に育てた。

ある日、嶋子が福島で釣りをしていると、美しい乙姫に声をかけられた。嶋子は一目見て好きになり、やがて二人は夫婦の約束を交わした。そして、乙姫の両親のいる竜宮城へ、二人は舟で出かけた。竜宮城で両親をはじめ多くの人々に、手厚いもてなしを受け、あっという間に三年の月日が過ぎた。嶋子は両親のいる故郷を思い出しては沈み込むようになる。乙姫は嶋子の心中を察して、「この手箱を別れに差し上げますが、再びお出でになるのでしたら、決して中を開けないで」と、美しい玉櫛笥《たまくしげ》を手渡した。

嶋子はおみやげを手にして、舟で網野の浜へ帰ってきた。わが家への道を急ぐが、道で出会う人々は知らない人ばかり。しかも、家のあった所には何もなく、一面の荒野原《あれのはら》になっていた。わずか三年と思っていたが、すでにはるかな時間が流れていたのだった。嶋子は悲しみのあま

網野町浅茂川にある「嶋児神社」

り、乙姫様から貰った玉櫛笥の蓋を開けると、白い煙が中から立ちのぼり、たちまちに髪は白く顔にはしわができてしまった。老人の嶋子は思わず自分の頬のしわをちぎって榎《えのき》に投げつけた。その榎を「しわ榎」と呼んで、今もそこに立っている。その後嶋子がどうなったのかはわからない。

現在、網野町の浅茂川《あさもがわ》の海沿いには嶋子を祀る「嶋児神社」があり、海の向こうに嶋子が乙姫と会ったという福島が見える。その島へ行く海上の道の途中に、嶋子が釣った魚を浸《つ》けたというビクの跡とされる「釣溜《つんだめ》」がある。また、陸地には日本海側最大の古墳といわれる「銚子山古墳」があり、そこに登る道に、嶋子の住居跡の表示が立ち、その脇にしわを投げた「しわ榎」が保存されている。現在地元の小学生が、「総合学習」の時間を使って、二代目の榎を大事に育てている。

嶋児が釣った魚を溜めたとされる「釣溜《つんだめ》」

網野町では伝説の嶋子を、現実の風景の中に再現させて、伝えていることがわかる。その嶋子は海の傍で暮らし、漁労に携わった人物である。乙姫に心惹かれ、遠く竜宮城に向かって舟を漕ぎ出して行った。この話を伝える人々は、嶋児神社の向こうに広がる海に、何を幻想してきたのであろうか。

嶋子の伝説は、ご承知のように古代の『万葉集』『日本書紀』『風土記』等に記録される有名な話である。『日本書記』では、五世紀後半の雄略《ゆうりゃく》二二年に「蓬莱山《とこよのくに》」に到るとあるが、戻ったことについては記されていない。八世紀に成立する『丹後国風土記』逸《いっ》文《ぶん》では、「興謝《よさ》の郡《こおり》、日置《ひおき》の里、筒川《つつがわ》の村に日下部首《くさかべのおびと》等の先祖、水江《みずのえ》の浦嶋子《うらのしまこ》」とある。浦嶋子は、与謝郡伊根町の宇良《うら》神社に祀られる嶋子が有力視されるが、しかし、「水の江」は伊根町の西方の竹野郡網野町の海岸一帯をさすという説（吉田東伍『大日本地名辞書』冨山房、一九九二）もあり、網野町が舞台というのも、あながち否定はできない。

ところで、網野町の嶋子の話の背景には、海の信仰や暮らしが深くかかわっていると予想される。乙姫や竜宮城の存在はもちろんのこと、浦嶋子が赤子《あかご》となって現れる福島には乙姫が祀られる。嶋子の両親の日下部曽却善次夫婦は、『丹後国風土記』逸文が示す「日下部首」にもとづいているのであろう。水野祐『古代社会と浦島伝説』（雄山閣出版、一九七五）は、日下部氏は海産物を貢納することを課せられた地方的な伴造《とものみやつこ》だと述べている。日下部氏一族は、古くから丹後や但馬《たじま》に住む海人族《あまぞく》の集団とされる。

網野町の海沿いには三津《みつ》、遊《あそび》、浜詰《はまづめ》、浅茂川と四つの漁港がある。現在、浅茂川にあった湖は埋め立てられて、家々が建ち並んでいるが、かつてここは水底だったという。網野の浅茂川湖や離湖《はなれこ》、丹後町の竹野川の河口には潟湖《せきこ》が形成され、天然の良港として機能していた。潟湖とは砂丘や砂嘴《さし》などが発達してできる浅い湖のことで、日本海域には強い季節風によって潟湖が形成される場所がある。その潟湖の港を基盤に、日本海の諸港と物資の流通や大陸との交易を行っていたとされる（森浩一『古代日本海文化の源流と発達』大和書房、一九八五）。古代の天皇家と婚姻関係を持つほどの勢力を築いた首長《しゅちょう》（王）が、この地に誕生していたという事実は、浦嶋子の信憑性《しんぴょうせい》を高めてくれる。

網野町と海と、そして大陸との関わりの深さは、今でも海辺を歩くと容易に納得できる。夏の穏やかな釣溜に至る海上の道は、夕方歩くと飛沫《ひまつ》がかかる程度であるが、冬には荒々しい波が押し寄せてくる。秋から冬になると地域の人が「ウラニシ」と呼ぶ強い北西の季節風が吹き、この風がさまざまなものを海岸に打ち寄せる。また夏にも、対馬暖流に乗って、寄せ物が海岸に運ばれてくる。

現在、琴引浜にある「鳴き砂文化会館」には、中国や韓国、北朝鮮からと思われる漂流物の一部が展示されている。当然、古代においても大陸や朝鮮半島から漂着物が流れ

琴引浜に流れ着いた亀

着いていたことは間違いない。それら漂着物の中には、自分たちの経験したことのないものも混じっていたであろう。古代人が、海の向こうに「神の国」を想定したのも、そうしたことを視野に入れると当然のことと思えてくる。

海辺に住む人々は漂着物を寄《よ》り物《もの》と呼び、それを神からの贈り物というとらえ方をしてきた。考えれば、稲作文化も鉄も海の向こうからやってきたものであり、そうした高い文化、価値あるものが海を通して入って来たもので、神が与えてくれる有り難いものと受けとめたに違いない。浦嶋子が乙姫と共に向かっていった海の先には、人々が持ち得ない豊かな物や文化があふれた神の世界が想定されていたといえようか。

寄り物には日常品などの物的なもの以外にも、イワシの群れやカメなどの魚類等も含まれる。網野町の嶋子伝説にはカメは出てこないが、カメが網にかかった際には酒を飲ませて海に返してやる。また、所によっては「エビス様」とも呼ばれる水死体が浜にあがった時には、丁重に葬ってやる。嶋児神社の脇にはそういった無縁仏《むえんぼとけ》の墓もある。嶋子伝説は恵みをもたらす海への信仰を基盤にした話であることが理解される。

海の彼方に「常世《とこよ》」と呼ばれる理想郷があり、毎年季節を定めてそこから神が来臨するという信仰については、早く国文学者の折口信夫が提唱した。毎年、常世から時を定めて子孫の地を訪れる神々を「まれびと」と称し、その来訪が繰り返されてきたことを明らかにした。その来訪神と寄り物とはどこか共通する部分があるが、浦嶋子もそうした来訪する神々の系譜に位置づけることができないであろうか。

夏の穏やかな夕べ、日本海に落ちていく夕陽を眺めていると、ふとそんな考えに染まってくる。とまれそうした感傷はともかく、浦嶋子の伝承が現代にも生きているのは、この地域の自然や歴史などの環境が大きく影響していることは間違いないであろう。

水害と伝説―まぼろしの「灘千軒《なだせんけん》」をさぐる―

春日井　秀

水嵩《みずかさ》の増す河口付近の「円山川」

円山川《まるやまがわ》の水害

兵庫県北部、朝来《あさご》市の山中から湧き出す水は川となり、養父《やぶ》市、豊岡市を縦断し日本海に注ぐ、これが円山川である。但馬《たじま》に暮らす人々は、円山川を水源や輸送路として利用した。この恩恵によって、但馬での生活が営まれていた。

ところが円山川は、頻繁《ひんぱん》に水害を引き起こした。但馬は雨や雪が多いため、川が増水しやすい。以前は流路が激しく蛇行していたため、増水すればたちまち溢れ出たのである。また下流は緩やかな勾配だが、日本海との高低差がほとんどない。そのため海から水が逆流するのである（『円山川』神戸新聞但馬総局）。

円山川流域では、毎年のように水害が起こっていたと言われている。最も古い記録は天正《てんしょう》元年（一五七三）三月の大洪水であり、幕末までに五〇余りの記録が残されている（前掲『円山川』）。これ以外にも小規模な水害が頻繁にあったようで、円山川の水害の多さを物語っている。

豊岡のことわざに「長雨三日で水がつく、雨粒三つで水がつく」というものがある（『豊岡こども昔がたり』伝承遊び講習事業実行委員会）。〝三粒しか雨が降らない〟降りはじめの頃から長雨を覚悟させ、洪水を警戒させる文句である。また円山川下流では「地震・雷・火事・おやじ」という言葉に「それより怖いが川の水」と続く（『円山川水系神話・民話』但馬文教府）。これも、水害に悩まされてきた土地ならではの言い伝えである。

流された人を助けたもの

このように水害が多い地域では、水害にまつわる伝説がいくつか存在する。例えば城《きの》崎《さき》では「助け松」の伝説がある。

豊岡を暴風雨が襲い、円山川が氾濫した。水は家や人を押し流し、豊岡の女性〝おつね〟も流された。すると泥の海の中に松の枝が見えたので、おつねはその枝に移った。こうしておつねは助け出され、この松を「助け松」というようになったという。

（『但馬伝説』兵庫県立豊岡高等女学校）

家も何もかも流されると、人間より背の高いものは樹木しかない。この伝説の内容は現実的である。助け松は城崎温泉から川下の中洲〝菊屋島〟に生えていたそうであるが、残念ながら現存していない。川の流れの妨げになるため昭和五七年（一九八二）に島ごと取り除かれたそうである（『円山川水系神話・民話』但馬文教府）。

この伝説に関連して、豊岡の養源寺《ようげんじ》に伝わる話がある。大洪水で溺れる者を大亀が岸に運ぶ。力尽きた亀を供養するため、町の者は大きな墓を養

溺れる人を救けた亀を供養する「養源寺」

「灘千軒」があったとされる伝説地。
現在、その面影はどこにもない

源寺に建てたという（『円山川風土記』兵庫県但馬県民局県土整備部）。この墓は実際に、養源寺の無縁塔の中に立っており、「霊《れい》亀《き》之《の》墓《はか》」と刻まれている。洪水に流された者が何かに掴《つか》まり、命を救われるということは現実でも起こる。生き延びた者は、その理由をどこかに見出す。この伝説もまた、亀を〝神の使い〟として感謝する気持ちによって成り立っている。

栄える町が洪水に消える

助け松や亀の伝説は、天正元年（一五七三）三月に起きた大洪水の時の話であるとされている。この大洪水については、もう一つ「灘《なだ》千軒《せんげん》」の伝説が伝えられている。

かつて玄《げん》武《ぶ》洞《どう》駅と豊岡駅との間に〝灘〟という賑やかな町があった。金持ちが多く住み、立派な屋敷が立ち並んでいた。ところが洪水に流され、跡形もなくなってしまった。今でも川の底に井戸の跡が残っていると言われている。

（『但馬伝説』兵庫県立豊岡高等女学校）

陸上交通が発達する以前、円山川は暮らしを支える大きな役目を果たしていた。大和時代には河口が港となり、室町時代には物資輸送の本拠地として栄えた。それらの輸送を一手に引き受けていた大商人たちが沿岸に住居を構え、やがて豪商の邸も立ち並ぶ町となった。これが灘の町なのである（『円山川』神戸新聞但馬総局）。

司馬遼太郎《しばりょうたろう》によると「千軒」は、その地方の代表的商業地を指す室町時代の呼称であるという。「軒が千軒も立ち並ぶような規模の町」という意があり、そのように栄えている町を「○○千軒」と呼ぶのである（『内川村誌』城崎町教育委員会）。この灘千軒もまた、その名に恥じぬ盛況ぶりであったことが想像される。

川に沈んだ小判

商業で繁栄した町が沈んだということで、灘千軒の伝説にはしばしば、黄金や小判にまつわる話が合わさることがある。その一つに「ねずみと小判」という話がある。

百姓が川べりに舟を泊めると、ねずみが小判をくわえて乗り込んできた。それを繰り返すうちに、舟の中は小判でいっぱいになった。百姓は小判を自分のものにしようとするが、どうしても体が動かない。するとねずみは再び小判をくわえ〝オノダカモリ〟という木の根元の穴に仕舞いこんでしまった。こうして小判は全て、ねずみに持ち去られてしまった。

（『円山川あれこれ』建設省近畿地方建設局豊岡工事事務所）

この話に登場する〝オノダカモリ〟という木は、灘千軒の伝説にも関連する。灘の町の裏手には山があり、そこに生えていた木がオノダカモリ（オナダモリ）であるとされている。因《ちな》みにこの木の根元には金のにわとりが埋められ、金の鈴の響くような綺麗な声で鳴くと言われている（『円山川水系神話・民話』但馬文教府）。

〝埋まっている金のにわとり〟というと、全国に分布する「金鶏伝説《きんけいでんせつ》」を連想させる。塚などに金の鶏《にわとり》が埋まっていて、元旦に鳴き声を聞いた者は、その年を幸福に過ごせたり、長命になったりすると言われている。中でも長者になるというパターンが多いことは、柳田國男が指摘している（「金鶏伝説」『國学院雑誌』七三巻一一号）。

洪水で町が流失する。それは過去の話ではなく今後も起こりうる。だからこそ〝水害の多い地域〟では〝かつて流された町〟を伝説とし、洪水の恐ろしさを語り継いだのである。そして灘は〝商業地〟であり、金持ちが多く住んでいた。金鶏伝説が長者伝説を伴うことから、灘千軒にも金のにわとりが登場するようになったのであろう。

過去のものとなった伝説

亀の墓石は現在も残っているが、助け松や灘の町は残っていない。それでは人々の心には、これらの伝説は残っているだろうか。

豊岡市在住の女性（一九六二年生まれ）に話を伺った。灘千軒の伝説は、大人になってから年配の人に聞いたという。町の名前は知らないが、昔大きな町があったことは知っていた。このあたりは頻繁に洪水が起こるので、潰《つぶ》れた町もあって当然だという認識であった。

この女性の紹介で、一九三四年生まれの男性に話を伺った。灘千軒の伝説は、子供の時に親から聞かされたそうで、水の出る地域だから本当のことだとよく聞かされたということであった。川底に井戸が見えたという話も、小判が出たという話も聞かないが、それらの証拠が無くとも事実であるという認識であった。

この二名よりも若い方々にも話を聞いたところ、いずれも知らないか、本や案内板の説明で知ったということであった。助け松も灘千軒も、単なる知識の域を出ないようである。このように、かつてこれらの伝説は、水害の多い土地の歴史的事実として捉えられていた。しかし現在では、あくまで物語として語られているようである。

治水対策の歴史

伝説では、円山川は人や町を押し流す脅威としての存在である。それでは現在に至るまでに、円山川はどのように変化したのだろうか。

江戸以前、円山川が毎年のように氾濫していたことは前述のとおりである。当時の人々は水害に対し、堤防を築くなどの手段を講じた。しかし簡素な堤防であったためか、何度も決壊《けっかい》している。本格的な工事が行われるのは明治以降のことである。

特に本格的な工事は、大正九年（一九二〇）に行われた第一期改修工事である。この工事は円山川の全長約一四〇〇メートルの流れを変える、これまでにない大規模なものであった。特筆すべきは「大磯《おおぞ》の大曲り」と呼ばれる流路の改修である。コの字形に曲

昭和12年に改修された河道

文化10年の絵地図。
川がコの字形に大きく蛇行している

がった急な流路は、昔から水が氾濫しやすい場所であった。しかしこの改修工事によって、流路は緩やかな弧を描くようになった。この第一期改修工事は昭和一二年（一九三七）まで実に一七年の期間を要した。

昭和三一年（一九五六）に始められた第二期改修工事によって、円山川の治水対策はさらに進んだ。川底を掘り下げ川幅を広げたことで、流れはさらに緩やかなものに変化した。さらに堤防を高くしたことで、増水に耐えうるようにもなった。

現在でも排水ポンプ場の建設や遊水地の整備など、円山川の河川改修は進められている（『豊岡市史　上巻』豊岡市）。

現在も続く水害

今なお但馬では水害が多い。近年では平成一六年(二〇〇四)一〇月の台風二三号で、豊岡では最高一〇、〇〇〇軒に被害が出た。だからといって円山川の治水対策は決して無意味ではない。

日本で台風を正確に観測するようになったのは昭和二六年(一九五二)であるとされ、これ以降の但馬の水害記録でも、「暴風雨」を「台風〇号」として記録している。その被害の内訳を見ると〝大雨による浸水〟がほとんどである(全国で被害を出した昭和三四年の「伊勢湾台風」は除く)。それ以前の記録では〝川の氾濫〟によって、田畑や人家が流出することが多い(『円山川風土記』兵庫県但馬県民局県土整備部)。つまり、現在の但馬の水害は「台風」によるものであり「円山川の氾濫」ではないと言える。治水工事によって、円山川が猛威を振るうことも無くなったのである。

なお台風二三号では過去最高の水位八・二九メートルを記録し、この時の水位を示す

海抜三3.2mを知らせる豊岡市内の標識

指標が、豊岡市内に立てられている。このように水害の被害を、後世に伝えているのである。毎年のように水害が起こっていた円山川流域であるが、現在では家が流出するような大洪水は起こらない。それは大正時代から続く治水工事のたまものである。今なお水害が多いとはいえ、伝説の中の大洪水はもはや現実味がなく、過去のものとなっているのである。

産みだす自然、破壊する自然

灘の町の跡地とされる場所は、現在では周囲に道路しかない川べりの土手となっている。周辺を歩いても、過去の面影を伺い知れるものは何もない。栄華を誇った人間の暮らしも、自然の手にかかれば跡形もなく消え去ってしまうのである。

因みに豊岡盆地の「氾濫原《はんらんげん》」（洪水などの氾濫で運ばれてきた土砂でできた平野）は、水に強い柳の栽培に適しており、古くから杞柳業《きりゅうぎょう》（柳を編んだ細工）が盛んであった（『豊岡こども昔がたり』伝承遊び講習事業実行委員会）。これも水害が多い土地ならではの産業である。このように自然は恵みを与える一方で、日々の営みを破壊する二面性を持っているのである。

Ⅲ　異類・異人と伝説

わたしたちの暮らす世界とは別の世界、異界のものたちが登場する伝説がある。こうした話は現実離れしたものとして受け取られるかもしれない。しかし、それぞれの土地で伝説が根付く土壌がなくては、今に至るまで語り継がれることはなかったであろう。

この章では、山陰海岸ジオパークにおける異界のものたちが登場する伝説を取り上げ、これらの話が根付いた豊富な土壌を見ていきたい。まず、取り憑かれると目的地に辿り着けなくなるという妖怪「ウシオニ」や、大蛇の血で赤く染まった池にまつわる伝説について、これを丹後の土地ならではの気象、地質から読み解く。続いて、鬼を退治し、岩に封じ込めたという伝説。最後に、「因幡《いなば》のシロウサギ」で有名な白兎《はくと》伝説が二か所で伝えられており、その比較を分析して、それぞれの地域の伝説の独自性を明らかにする。

(山口くるみ記)

久美浜湾の「ウシオニ」——気象現象にみる怪異——

花部英雄
山口くるみ

姿や形のある「牛鬼」

「うしおに」という妖怪がいる。漢字を当てれば「牛鬼」となり、牛や鬼の姿形を先行したイメージの妖怪が想像される。たとえば、古くインド仏教に由来する仏教の「牛頭《ご》馬頭《ずめず》」は、頭が牛や馬の形をして身体は人の姿をした地獄の獄卒《ごくそつ》の一つとして、わが国には平安時代に仏教信仰とともに輸入された。

その物語的な展開としては、一二世紀始めの『法華経験記《ほけきょうげんき》』に、但馬の山寺で修行僧が「牛頭鬼《ごずき》」に食われるという話が見える。一緒にいた法華経受持者《じゅじしゃ》の若い僧は必死の祈願によって、毘沙門天《びしゃもんてん》が牛頭鬼を三段に切り殺して助かったという。時代は下って南北朝時代の『太平記』巻三二には、頼光《らいこう》の弟子の渡辺綱《わたなべのつな》が名刀の鬼切《おにきり》で化物の腕を斬り落とすという話が載る。化物は老女に化けて腕を取り返しに来るが、その時の姿は

「長け《た》二丈《じょう》ばかりなる牛鬼」であったという。いわゆる渡辺綱の鬼退治伝説であるが、敵対する相手は牛鬼である。この渡辺綱の腕斬りに近い民間の牛鬼の話が、島根県飯石《いいし》郡吉田村に伝わっている。

芦谷《あしだに》川の板橋谷大曲上の牛鬼滝には、一眼の牛鬼という怪物が住んでいた。むかし、道の上に鈩《ろ》があった頃（淵の上に炉跡あり）、深夜、天秤《てんびん》吹《ぶ》きをする番子《ばんこ》を天井から覗いて捕ることがたびたびあった。ある強力な一人の番子は、仇を討とうと大きな鈩を終日研ぎ澄まし、夜を待ちつつ天秤を踏んでいた。するといつものように怪物が手を出して番子を奪おうとすると、鈩を打ち込み首尾良く怪物の片手を切り落とした。それから、怪物は毎夜、淵から「片手《かたて》ゴセ片手ゴセ」と呼んだという。

（『島根県飯石郡吉田村誌資料第一集』）

「片手ゴセ」は、片手を返せの意であろうか。牛鬼が番子（鞴《ふいごう》に風を送る人。三人一組で行なう）に腕を斬り取られるのは『太平記』と同様であるが、名刀鬼切と「たたら吹き」による製鉄法とが、どうして関係するのか、先述の渡辺綱のことも含めて興味深い問題である。次に見ていく事例も刀と関わっている。

『日本伝説大系』一一巻の山陰編には、「牛鬼」の事例が三〇数例紹介されている。その詳細に及ぶことはできないが、事例で多いのは魚釣りの男のもとに、赤子連れの「濡《ぬ》れ女《おんな》」が子を抱いて現れる。その子を抱くと、まもなく牛鬼が襲撃してくるが、無事家に逃れて助かる。その後、所蔵する刀が鞘《さや》から抜けて牛鬼を退治するというのが一〇例近くある。このように刀と牛鬼は関係が深い。刀という人工の文化と、自然の表徴ともいえる牛鬼との対立の構図を考えるべきかもしれない。

刀以外では、狼が男を匿《かくま》い助けてくれるものや、神仏の力で排除するもの、相撲で相手を負かすものなど、多様な展開が見られる。出現場所も海だけでなく、淵にいて近づく人間を襲うものもある。大本敬久《おおもとたかひさ》によると牛鬼伝承は西日本に多く、淵や海など水辺に出現して退治されるか、あるいは退散していくものに大きく分かれるという「牛鬼論―妖怪から祭礼への練物へ」（愛媛県歴史文化博物館研究紀要第四号、一九九九）。

ところで、民間伝承をもとに図像化されたと思われる牛鬼が、江戸後期の出版物に現れる。その先鞭《せんべん》といえる鳥山石燕《とりやませきえん》『画図百鬼夜行《がずひゃっきやこう》』の「牛鬼」は、水辺の叢生に毛むくじゃらの姿で登場する。佐脇嵩之《さわきすうし》の『百怪図巻《ひゃっかいずかん》』には、頭が鬼の形で体は牛、肢体の先には鎌の刃のような鋭い爪が光った不気味な姿で描かれる。これらは都市住民の恐怖感に訴える存在として、出版文化の世界でもてはやされたのであろう。

鳥山石燕の描く「牛鬼」
（画図百鬼夜行）

佐脇嵩之《すうし》の描く「牛鬼」
（『百怪図巻』）

なお、形ある牛鬼には、こうした文芸や絵図以外に、民間の祭礼に登場する牛鬼の山《だ》車《し》もある。その代表とも言える愛媛県の宇和島の牛鬼は、「カブ」と呼ばれる鬼や牛のような頭に長い布の首がついている。夏から秋に四国では悪魔退散の願いを込めて、この山車を引く行事が各地で行なわれている。

現象としての「ウシオニ」

牛鬼には今まで取り上げてきた形があるものに対し、姿や形を明確に示さないものもある。形のある「牛鬼」と区別するために、ここでは片仮名で「ウシオニ」と表記する。怪異には現象である「コト」と、妖怪である「モノ」との区別があると京極夏彦は説いている（「モノ化するコト　怪異と妖怪を巡る妄想」『怪異学の技法』臨川書店、二〇〇三）が、それに従えばウシオニは怪奇な現象をさす「コト」といえる。

次も山陰のウシオニの伝承であるが、宝暦二年（一七五二）に鳥取藩士の上野忠親《ただちか》がまとめた『勝見名跡誌《かつみめいせきし》』（『日本伝説大系』第十一巻「牛鬼」の項、みずうみ書房、一九八四）に記されたものを紹介する。

先年御家中ノ某《なにがし》川殺生《かわせっしょう》ヲ好ミ或時雨《しぐれ》ノ夜ノ闇《くら》キニ扁舟《へんしゅう》（小舟）ニ棹《さお》サシ湖山《こやま》ノ池ノ中ヲ彼方此方撒網《ソウアミ》（投網）ヲウチ廻リケル処ニ青嶋ノ辺ニテ彼《かの》ウシオニ村々《むらむら》トタカリ付キテ目クチモ開《あか》レス身ニ著《つけ》タル蓑ニ取ツキ少《すこし》モアキ間ナシ蓑笠ノフチニモ氷《ひょう》筋《きん》ノコトク其光蛍火《ほたるび》ニ相似タリ此人始テ此物ニ出逢タレハ何ト云コトヲシラス撒網ヲ止テ急キ舟ヲ漕テ湖山ノ在家《ざいけ》ニタドリ付此事ヲ村人ニ尋ヌレハ是ウシオニト云モノ也雨ノ夜ハ必ス青嶋ノ辺ニ多シト答フ。

時雨の夜、湖山池《こやまいけ》の青嶋辺りでウシオニが目や口も開けられないほど現れ、蓑や笠には「氷筋」が蛍火のように付着する。慌てて人家に逃げ込むと、それはウシオニだと言う。御家中の者は初めてだが、土地の者には既知の事柄のようである。『勝見名跡誌』には他に、鳥取県気多《けた》郡の「伏野《ふしの》ノ浜ノ涷雨《とうう》フル闇夜ニ通リテウシオニニ行合タル者多クアリ」とも記し、これを「浜ノ沙中《さちゅう》ニ陰火《いんか》ノ含ム故ナリ」と、湖山池の例も引きながら「陰火」であると解釈している。また、気高郡《けたかぐん》気高町の湯村の和田流軒という医士が、沢田村縄手《なわて》（田の畔）を「冬ノ夜ノ霙《ミゾレ》降ルニ此畷《ナワテ》通リタルニ笠ニモ蓑ニモ蛍ノ火ノ如ク村々《むらむら》トタカリカヽリ」付いたという。ところが「炬火《カガリビ》ヲ持テ来ル者アリ火ニチカヅクト何モナシ蓑笠ノ雨ニ濡《ヌレ》テ滴瀝《シツク》ノ落ルヲ見ルノミ也」とある。炬火《かがりび》が近づくと滴《しずく》が落ちるが、遠のくと蛍火のようだと記す。

こうした山陰の伝承が、江戸後期の関宿《せきやど》（現、千葉県野田市）藩の和田正路が記した随筆『異説まち〳〵』巻四（『日本随筆大成』〈第一期〉17、吉川弘文館、一九七六）にも出てくる。

牛鬼といふもの、出雲の国にて□□といふ所に有。山陰に谷水の流ありて小さき橋あり。雨降つゞき湿気など深き時は、夜此橋の辺りにて牛鬼に逢ふ也。其《その》あふたる人の物語に、橋の辺りに行懸《ゆきかか》りぬれば白く光るものあり、ひら〳〵といくつも〳〵出るが、蝶などのやうに見ゆる。扨《さて》其橋を渡らむとするに、其光り物惣身《そうしん》にひしと取付ぬ。衣類にも付て銀箔《ぎんぱく》などを付たるやうに見ゆ。驚きて手にて掃《はら》へども都《すべ》て落ず。辺り近き人家に馳入《はせいり》ていかゞせんといへば、主《ある》ジ夫《それ》は牛鬼に逢給へり。せんやう（対処法）ありとて、いろりへ柴薪《さいしん》などおふく取くべて、前後となくあぶりぬれば、いつきゆるともなく消失《きえうせ》ぬ。いと怪《あやし》き事也と、鵜飼半左衛門といふ者語りき。雲州人。

降雨などの湿気の多い時には、谷に懸かる橋の辺りに蝶のような白く光るものが出て、衣類に銀箔《ぎんぱく》のようなものがびっしり付着し、払っても落ちない。牛鬼に出遭ったのだと言い、囲炉裏《いろり》の火に炙《あぶ》ればいつのまにか消え失せるという。信憑性を確保するために「出雲の鵜飼半左衛門」から聞いたとニュースソースを明らかにしている。僻陬《へきすう》の怪異として興味を魅かれたものといえる。

これらに共通するのは「凍雨《とうう》フル」「冬ノ夜ノ霙《ミゾレ》降ル」寒い夜、湖や川などの水辺付近で蓑笠や衣服に「氷筋《ひょうきん》」のような白い物がつくが、火に近づけると消える。この観察からすれば、晩秋から初冬にかけて降る「氷雨《ひさめ》」のことのように思われる。湿気の多い特定の場所に集中することから怪奇現象として、「蛍火」「陰火」「怪き事」などと文筆に携わる人々は記すが、土地の人には見慣れた事柄である。

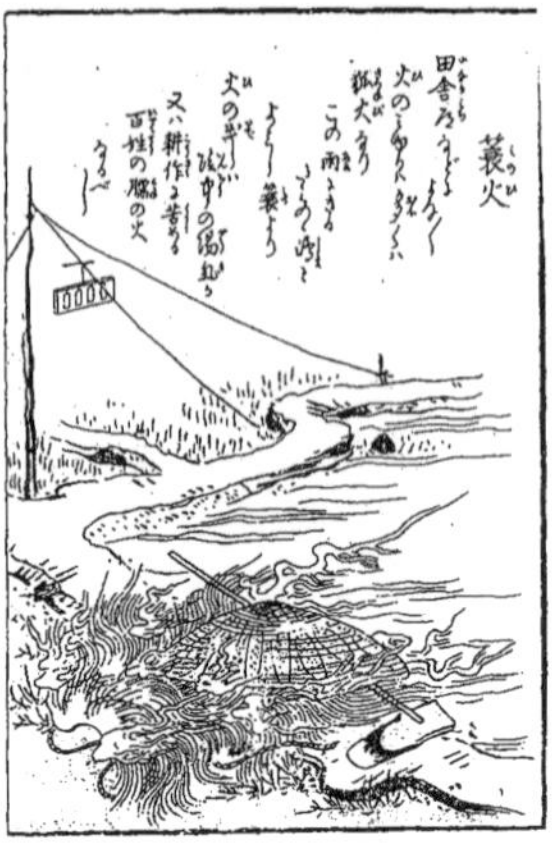

鳥山石燕の描く「蓑火」
（『今昔百鬼拾遺』）

同じような怪奇現象を、江戸中期の越後の医師・丸山元純《げんじゅん》（一六八七—一七五八）が『越後名寄《えちごなよせ》』で「蓑虫《みのむし》」と呼んで紹介する。「何方《いずかた》トナク、雨ノ夜道ヲ往来スルニ、不掛思《おもいがけず》著《つき》タル蓑毛《みのげ》ヨリ滴《シタ》丶ル露シヅク、頓《とみ》ニ皆火ニ成テ見ユルニ、跡ヨリ伝ヒヲツルモコトゴトク火ノゴトク光リテ、最《もっ》トモケウトシ（無気味である）。暫時《ざんじ》ガ程ニ失《うせ》ルモアリ」と述べる。蓑から滴り落ちる雫までもが火のように光って見えると述べるのは、山陰のウシオニと変わらない。

この「蓑虫」の語が独り歩きしたような例が『越後三條南郷談《えちごさんじょうなんごうだん》』（郷土研究社、一九二六）に出ている。南蒲原《みなみかんばら》郡本成寺村《ほんじょうじむら》（現、三条市）で、男がある家の前を通ったら「蓑蟲《みのむし》にとつ憑かれた。自らの着てゐた蓑から滴りおちる雨滴が火の子になつて見えた、狐の仕業かといふ」とある。氷雨が降るといった状況はなく、取り憑いた蓑虫が異変を引き起こすという仕業を狐に転化している。

こうした随筆類からの知識にもとづいたものと思われるのが、鳥山石燕《とりやませきえん》の『今昔百《こんじゃくひゃ》鬼拾遺《つきしゅうい》』の「蓑火《みのび》」である。怪火《かいか》の画に「田舎道などによなよな火のみゆるは多くは狐《きつ》火《ねび》なり。この雨にきるたみのの嶋とよみし蓑より火の出《いで》しは陰中《いんちゅう》の陽気か。又は耕作に苦《くるし》める百姓の臑《すね》の火なるべし」と文章を付す。蓑に付いた氷雨を「陰中の陽気」や「耕作に苦める百姓の臑の火」といった新たな解釈を付け加えている。

江戸の博識な文化人は自身の教養や知識体系にもとづいて事件や現象を分析し解釈を加えるが、「ウシオニ」という現象の十分な科学的根拠を持ち合わせず、怪奇現象といった理解を示す程度である。さらに、こうした紀行や随筆の記事をもとに、画図作家たちは独自の想像をめぐらしながら、通俗的な妖怪の商品化にいそしみ巷間《こうかん》を賑わしていく。京極夏彦のいう「コトのモノ化」といった大衆社会の通俗的な妖怪理解が普及していく図式といえるかもしれない。

久美浜湾の「ウシオニ」

ところで、山陰海岸ジオパーク域内の京都府京丹後市の久美浜湾にも、ウシオニにまつわる伝承がある。大正一二年に刊行された『京都府熊野郡誌』（京都府熊野郡役所）に、次のような話が載る。

古より「うしほに」と唱ふるは怪異の一にして、漁業者等往々《おうおう》怪異に触《ふ》るゝ事あり、雨のそほ降る夜降雪の際などに於《お》いて、笠より滴《したた》る雫《しずく》の玲瓏《れいろう》（透き通る）として玉を貫《つらぬ》けるが如く、五色の色彩を現し、何となく異様の感に打たるゝや、平素《へいそ》（ふだん）方向を誤るが如き事なき熟練者にして、灯火を標準とし久美浜湾に船を操縦するに、如何《いか》にするも予定の地に達する能《あた》はず（達することができない）、東《ひがし》せん（東に行こう）とするに計《はか》らず（思いもよらず）西に方針を採《と》り、南《みなみ》せんとすれば北に向へるなど、目的地に達せんとするに、数時間を要して猶《なお》達する能はず、終夜舟を操《あやつ》るに努むるが如き実例往々あり、之をうしほにつかる（取り憑かれる）といふ。雪中の夜など陸上に於《お》いても亦《また》之に類する事あり、自宅の前を通過しながら、数回往復して尚入《なおい》る能《あた》はざるが如き事あり、同じく「うしほに」といふ。如何なる作用によれるか、殆《ほとん》ど狐狸《こり》に誑《たぶら》かされし状態に異《こと》ならずと実に奇といふべし。

そぼ降る雨や雪降る夜に、久美浜湾で操業していると、笠から色鮮やかな玉の雫が落ちてくるという。これは、前述した山陰や越後の事例で、笠や蓑からしたたり落ちる「蛍火」とも共通する。ところが違うのは、周囲は雨や雪に遮られて見えないため、操《そう》

砂洲に囲まれる久美浜湾の遠景

舵《だ》の方角を誤り、終夜ぐるぐる回るだけでどうしても岸に着けない。また、陸上においても方向を失ってしまうことがあるという点である。これは「うしほに」に取り憑かれたためであるという。怪異を物語風に伝える知識人の取り上げ方とは違い、漁労生活の実感のもとに述べられている。

この郡誌から約十年後に刊行された『続熊野郡伝説史』（一九三五）では、前の引用部分に続いて「或《あるい》は鼬《いたち》が舟に乗り込んで出て人を迷はすのだといふ伝説もある」と合理的な説明を加えている。筆者が現地で尋ねた聞書きでは、「ウシオニ」という名称は知らないが、「雪で目印となる山が見えなくなり、久美浜湾内でいつまでたっても岸につかず、ぐるぐるとしてしまう」ことがあり、まるで「きつねにつままれた」ようだと、湊宮《みなとみや》に住む漁師の方が話してくれた。

昭和四九年に発行された『季刊民話』（民話と文学の会）創刊号にも、こんな話が載せられている。

久美浜湾に突き出る「大明神崎」

黒鯛《くろだい》釣りの名人、格《かく》さんが、湾内の大明神岬から百メートルほど南へよった所に夜釣りをしていると、向い岸の方から「おーい格さん来いや、ボタ餅食わせるぞ、来いや」と呼ぶ者がある。ボタ餅の好きな格さんは、よろこんで舟を向うの岸に着けたが誰も居ない。するとこんどは元の大明神岬の方から「格さん来いや」と呼ぶ者がある。そこでまた舟を声のする方向に着け陸にあがって、声の後を追って行くが、行って行っても声は遠くなるばかり、仕方がないのであきらめて舟に帰って見ると、今まで釣った鯛は一尾《いちび》もなく、餌《えさ》の蛹《さなぎ》まで一つも残っていない。がっかりして帰路につき舟をこぎ出したが、折りからの濃いもやのためか、海路に迷って、こいでもこいでもわが家の舟小屋に達しない。とうとう夜明けごろやっと舟小屋にたどりついたが、一晩中のつかれで、そこに倒れてしまった。村人たちは「そりゃ『うしおに』につけられただ」と言ったが、この久美浜湾に働く漁師たちの間には「うしおに」につけられた経験の人が多いといいます。

名を呼ばれた格さんが、岸に上がり声の後を追うが、その間に魚も餌も取られてしまう。声を掛けるのが「うしおに」らしく、実体は見せないが人格的な存在として語られている点は、先述の郡誌と異なっている。しかし、その後の「濃いもや」の立ち込める悪天候の夜に、「海路に迷って」舟を漕ぎ続けても舟小屋に辿り着けず、「夜明けごろやっと舟小屋にたどりついた」という点は一致する。ウシオニに声を掛けられる前半部分が、新たに追加されたと解釈することができる。

こうした話がどのようにして形成されたのであろうか。漁師たちのこのような怪異を伝承する背景に何があるのかが、次の課題といえる。そのことを明らかにするために、久美浜湾の人々の漁業がどのように行なわれ、操業する現場の環境がどのようなものであったのかについて、次に見ていきたい。

久美浜湾の漁業

久美浜湾のある久美浜町は、京都府の日本海に臨む北西端に位置し、兵庫県豊岡市と隣り合っている。江戸時代は幕府直轄領《ちょっかつりょう》として、現在の町の中心部に「久美浜代官所」が置かれ、統治と海上交通の要衝《ようしょう》となっていた。明治に入って久美浜村と周辺の村々が熊野郡に編成されるが、明治二七年に久美浜村が久美浜町となる。その後、いわゆる昭和の合併で他の村々もすべて久美浜町に一括され、郡内一郡一町の熊野郡久美浜町となる。そして、このたびの平成の合併では熊野郡は廃止となり、京丹後市に組み込まれる形の久美浜町となる。

産業別人口では農業従事者は近年減少し、製造業者が増加しており、漁業従事者数はごくわずかである。昭和三一年の『久美浜町誌』によると、「本町は久美浜湾を有するにより古来漁獲の四時《しいじ》（一年中）絶える事がなかったが、其の漁業は古来の慣例によるもので扁舟《へんしゅう》（小舟）を操《あやつ》っての内湾《ないわん》の兼業漁業者のみであった」とあるように、久美浜湾での漁業は兼業漁業によって営まれていた。久美浜町の漁業は日本海で行なう外海漁業と久美浜湾で行なう内海《うちうみ》漁業とに分けられるが、日本海に接する湊地区には外海で

久美浜湾内の木造の船着場

の専業漁業者もいる。

　ところで、ここではウシオニと関わる内海漁業について見ていく。久美浜湾は砂州《さす》が延びてできた「潟湖《せきこ》」であり、北は日本海に続いているが、河川の水が流れ込み、外海よりも塩分濃度の低い淡水のため、淡水魚と海水魚の両方が棲息している。湾内で捕れるのは、サヨリ、クロダイ、コチ、コノシロ、ハマグリ、ウナギなどである。

　現在、久美浜湾には多くの筏《いかだ》が浮かんでおり、牡蠣《かき》の養殖が久美浜湾における主要な養殖漁業とされている。しかし、これは昭和五〇年以降に、牡蠣の養殖に成功して一般化された養殖棚《ようしょくだな》であり、以前は自然産の小型の牡蠣が採れていた。

　久美浜湾の漁業を代表するものにコノシ

「丸子船」を入れた船小屋

ロ漁がある。秋から春の時期まで、刺網《さしあみ》漁法で行われる。近年は、「捨て網」といって夕方網を入れ朝に揚げに行くが、以前は夜に行われていた。コノシロ漁の夜業にちなんだ笑い話がある。

その昔、油池《ゆち》の殿さんが、久美浜湾に多くの灯が浮かび移動しているのを見て、「あれは何の灯だ」とたずねたところ、家来曰く、「あれはこのしろとりの灯です。」と生来《せいらい》あわて者で憶病者のこの殿さん、「さあ大変、この城をとりに来た。」とあわてふためいて、早々に城山を下りて、いずこともなく逃げ去った。

（「湊の漁業」『湊生活百年史』湊小学校創立百周年記念実行委員会、一九七五）

コノシロ漁の盛んな久美浜湾ならではの逸話といえよう。コノシロ漁は明治以前から行われていた漁法であるが、「全盛期は、大正から昭和の初期で、その数《かず》一三三戸、薪《たきぎ》やとまを積み、夜食を持ちながら泊りがけで働いたものである」と『京都府熊野郡誌』に出ている。コノシロを用いた「このしろ寿司」が町の特産品になっていることからも、土地の人々には親しい魚である。

コノシロ漁に用いられた「まるこ」と呼ばれる丸子舟《まるこぶね》についても言及しておかなければならない。手漕ぎの無動力船のことで、舟全体が丸みを帯び、水の抵抗が少なく迅速に移動できる特徴がある。漁業以外にも、湾を横切って畑地《はたち》へ行く交通手段の他、畑の肥料の運搬にも利用された。底の浅い丸子船は網を切ることがなく使い勝手がよかったという。昭和四〇年頃から機動性を増すために船外機を付けるようなったが、その後、プラスチック製の船に代えられ急減していった。

気象現象の怪異化

日本海に面する久美浜町は、気候区分でいえば日本海型、それも北陸・山陰型に属する。夏涼しく冬暖かい海洋性の気候で、降水量が年二、〇〇〇ミリメートル以上と極め

久美浜町港宮にある「時化針」

て多いのは、冬季の降雪によるものである。豪雪に加えて濃い霧も発生する。いずれも日本海や湾内の水蒸気に起因するものであるが、濃霧の際の湾内では周りが見えず、岸にたどり着くのが容易でなかったと語る人も多い。

さらに、最も被害の大きいのは、秋から冬にかけて悪天候をもたらす「うらにし」と呼ばれる北西からの季節風である。この風は「北西から吹き、黒い雲を連れて来る」とか、「うらにしが吹くと天気がころっと変わる」と言い、久美浜町では「弁当忘れても傘忘れるな」という諺がよく聞かれる。漁師たちは、その日の雲や「時化針《しけばり》」という気圧計を見て、出漁の判断をするが、それでもこの「うらにし」は予測できず、悪天候に見舞われることもある。

遭遇した場合には、錨《いかり》を打って舟の横転を避けるか、あるいは大明神岬の先端にある「宮」に避難したという。「宮」とは正式には村岡神社のことで、湾内での操業時の

一遍上人のいる家の海から湧き起こる雲。
その中心に描かれる青龍（『一遍上人絵伝』）

一時避難場所として利用するため、一坪ほどの小社に食料や薪などを常備していた。

ところで、久美浜町にこのような気象現象がかかわる説話がある。それは時宗《じしゅう》の開祖の一遍《いっぺん》が、門弟を連れて久美浜を訪れた時のこととして『一遍《いっぺん》上人《しょうにん》絵《え》伝《でん》』の二枚の絵と詞章に語られている。一枚の絵には海上から湧き起る黒雲の中に青龍が描かれ、その様子を眺める一遍と高弟の情景、もう一枚には道場での念仏中に龍が出現し（実は、二枚の絵を繋《つな》ぐように中央に龍が描かれる）、波が信者たちの腰まで押し寄せている状況が描かれており、「龍の供養をなさむ」「龍王の結縁に来

崑崙が出遭った竜巻の「龍蛇」（『北越奇談』）

たるぞ」と詞章の言葉が踊る。これを単に説話的構想と見てしまうのでは、地域の生活実態から離れた解釈になってしまうことになろう。

　これに近い事例を、江戸後期の越後の橘《たちばな》崑崙《こんろん》が『北越奇談《ほくえつきだん》』（文化九年／一八一二）に記している。寛政五年（一七九三）一一月二〇日過ぎ、木崎《きざき》から阿賀野川《あがのがわ》の河口を経て、新潟の湊に行く小舟で暴風雨に遭う。辺りが急に暗くなり、風雪激しく波高まり、舟底に伏せる。船頭が「すはや龍《たつ》巻《まき》の来《きた》る」と言うので見ると、「海上《かいじょう》岸近く一陣の黒雲洑《うづまき》来る。その疾事《ときこと》矢のごとく勢ひ浪を捲《まき》、砂《いさご》を飛せ舟をのぞんで突《つき》来《きた》る」と書く。その最中、崑崙は「龍蛇は白刃《しらは》をおそる」という言葉を思い出し、額に刀をかざしながら、聞くところの龍蛇の姿を見極めようとする。「心を付《つ》けて雲中《うんちゅう》を見れども更《さら》に其形《そのかたち》は見《み》へず、只《ただ》雲中うごめき渡《わたり》、其頭《そのかしら》とおぼしき所《ところ》呼吸《こきゅう》のごとく火光《くわくはう》ありて、風と共に後《しりへ》に打《うち》なびくこと一息々々《いっそくいっそく》たり。黒雲《こくうん》とともに其丈総《そのたけすべ》て十丈《じうじょう》にはすぎざるべし」と描写する。その後すぐに天候は変わる。竜巻に遭遇した迫真のレポートであるが、龍蛇の姿は写実そのものか、それとも幻影なのか、虚実皮膜《きょじつひまく》の表現といえる。

さて、江戸後期の文化人である崑崙の記述事を読むと、一四世紀初頭の仏教者が竜巻の黒雲の中に「青龍」を描いたのも頷《うなづ》ける。『一遍上人絵伝』の竜巻も崑崙が遭遇した暴風雨も、冬場の日本海の「うらにし」がもたらしたものであることは間違いない。この「うらにし」の凄まじさは、昭和六一年（一九八六）の一二月二八日に、山陰本線の余部《あまるべ》鉄橋から列車が地上に転落した事故が物語っている。晴天から突如暗雲が現れ、雨や雪、霰《ひょう》を交えて吹いたかと思うと、また晴れ間を覗かせる天候を、京丹後市丹後町では「気狂《きぐる》い天気」と呼ぶ。

久美浜湾のウシオニの話にも、こうした気象条件がかかわってくるのである。霙《みぞれ》のような氷雨《ひさめ》が降って蓑や笠に白く付くような時には、周囲はまったく見えなくなる。舟を岸に寄せようとしても、目標物が何も見えない状態では、丸子舟を真っ直ぐ進ませることができず、湾内をグルグル回ってしまい、闇が白んで夜が明けてくるのを待つしかない。コノシロ漁が盛んになる秋から冬にかけ、「うらにし」が吹くこの季節には氷雨も発生しやすくなる。ウシオニ現象の背景には、こうした山陰地方特有の気象状況が深く関与しているといえる。

人は変われども「うらにし」がもたらす異常気象は繰り返される。伝承を地域の環境から読み解く意味は大きい。

大蛇伝説と血の池―京丹後《きょうたんご》市の丹池《あかいけ》―

瀬戸口真規

京丹後市の「丹池」大蛇伝説

京都府京丹後市網野《あみの》町俵野《たわらの》に、「丹池《あかいけ》」と呼ばれる池がある。網野町と隣の久美浜町の境の峠から、網野町側に降りていくと鬱蒼《うっそう》とした茂みがあり、奥は日中でも薄暗く、入ることがためらわれるような場所である。獣道《けものみち》のような所を下っていくと、茂みのすき間からかすかに池が見えてくる。それが丹池で、正式名は「勝田池《かったいけ》」という。この勝田池に次のような伝説がある。

俵野《たわらの》集落の西、神野村との境にある、面積二へクタールばかりの溜池に、大阪の鴻池《こうのいけ》の娘が丹後に嫁いでいく途中に通りかかった。この池の付

「勝田池」を示す標識

鬱蒼とした木の向こうに見える「丹池」

近で一行が休んでいると、娘が蛇身となって、池の中へ入ったという。お供たちは娘を乗せてきた駕籠《かご》を置いたまま帰ってしまった。その駕籠は明治の初年頃まであったという。それ以来この池を「蛇の池」と称し、土地の人は恐れて近づかなかったという。

池の主の大蛇は農作物を荒らしたり、人を悩ますので、ある時、有田集落の三五郎《さんごろう》という人が、退治しようとして、剣を咥《くわ》え、池に潜り大蛇を探したが、見つからない。池の底のヘダラ（柃―ヒカサキ）の大株を斬ると、たちまち池の水が真っ赤になったという。

このことから、ここを「丹後のあか池」というようになり、これが丹波の国名の起こりとなったという。

三五郎の用いた大蛇退治の剣を「蛇切丸《じゃきりまる》」と称し、加茂神社に奉納されたという。

しかし、元禄四年に社宝の鰐口《わにぐち》と共に何者にか盗まれ、鰐口は発見されたが剣は今も見つからないという。

（井上裕夫『木津の伝説』橋図書館、一九五二）

鴻池の娘が丹後へと嫁入りの途中、大蛇となり丹池に棲み着いた。その大蛇は農作物を荒らすなど悪事を働くので、有田集落の三五郎によって退治された。流れた血が池を赤く染め、それ以来「あか池」と呼ばれるようになり、丹波の国名の由来にもなった。三五郎が用いた「蛇切丸」の剣は、加茂神社に奉納されたが、盗まれて今はないという。この網野の「丹池」に伝わる伝説が、どのようにして生成されたのかを、ここでは類似の話との比較を通して考えていきたい。比較対照のために用意した「大蛇退治比較表」をもとに、それぞれ分析を加えていく。

表の②は二〇一六年の夏、筆者が現地を訪れた際に、丹池の付近で梨農家を営む七五歳の男性に伺った。男性が子どもの頃は、誰もが知っていた話であるという。

大蛇退治比較表

	伝承地	主人公①	嫁入先	事件①「変身」	主人公②	事件②「退治」	事物／嫁入道具	剣	由来	出典
①	網野町俵野	鴻池の娘	丹後	蛇に変身後入水	三五郎	水中の株を切ると池が赤くなる	駕籠	蛇切丸	丹池丹波	井上裕夫『木津の伝説』（橋図書館、一九五二）

②	網野町俵野	鴻池の娘	因幡	蛇に変身後入水	若者	水中の根を切ると池が赤くなる	駕籠、担ぎ棒	―	丹池	筆者調査
③	網野町	鴻池の娘	―	入水後に大蛇変身	―	退治後に池の血が赤くなる	―	蛇切丸	丹池	網野町史編纂委員会『網野町史』（臨川書店、一九六〇）
④	弥栄町	娘	木津のたま池	蛇に変身後入水	―	―	箪笥、長持、担ぎ棒	―	―	大谷女子大学説話文学研究会『京都府竹野郡弥栄町昔話集』（自刊）
⑤	久美浜町	鴻池の娘	勝田池	入水	―	―	担ぎ棒	―	―	久美浜町教育委員会『久美浜町の昔話　ふるさとのむかしばなし』自刊、一九七七）
⑥	丹後篠村	―	―	―	夫婦	大蛇の血で池が赤くなる	―	―	丹波	『丹後舊語集』
⑦	南丹地方	―	―	―	侍夫婦	大蛇の血で池が赤くなる	―	―	丹波大枝	垣田五百次・坪井忠彦『口丹波口碑集』（郷土研究社、一九二五）
⑧	亀岡市	―	―	―	伊達忠衛	大蛇の血で池が赤くなる	―	―	―	田中勝雄「地名起源伝説と動植物伝説―続南桑民譚雑録　一―」（『旅と伝説』一〇年九号、三元社、一九三七）

明治初期、大阪の鴻池の娘と、因幡《いなば》の国の男との縁談が整った。娘は駕籠に乗って、行列を作って因幡に行く途中、池のそばで休憩をとった。すると娘は駕籠から外に出て、大蛇に変身して、池の中に入っていった。

その後、俵野では夜な夜な大蛇が出てきて、農作物を荒らしたり、子どもを飲み込んだり、悪いことをするようになった。加茂川のオクという村に住む体格のいい若者が、「ワシが退治してやる」と言って池に潜っていった。水中の大きな木の根を切ると、真っ赤な血が出てきて池中が真赤に染まったという。このことから、勝田池を丹池と呼ぶようになった。

それから三日、四日経ったころ、久美浜町の油池《ゆうけい》が真っ赤になったため、丹池と油池は繋がっているのではないかと噂されたという。また、明治の中頃まで駕籠を担いでいた棒は残っており、現物を見た人もいたという。

最初に挙げたものも含め、伝説の証拠となるものに鴻池の娘を乗せた駕籠、担ぐための棒がある。また加茂神社に奉納された「蛇切丸」という事物がある。そして「丹池」「丹波」という地名由来が残る。ただし、かつぎ棒は現存せず、蛇切丸は盗まれて今はない。

大蛇変身譚と大蛇退治譚

さて、この丹池にまつわる伝説の展開を、次のようにまとめることができる。

1 鴻池の娘が大蛇になる
2 大蛇が悪さをしたため退治され、大蛇の血で池の水が赤く染まり、「丹池」と呼ばれるようになる
3 退治に使った短刀は「蛇切丸」と呼ばれ、加茂神社に奉納された
4 後に「丹波」の国名の由来となった

このストーリーの展開によると、鴻池の娘を主人公とする前半（1）と、大蛇を退治する後半（2・3・4）とに分けることができる。しかし、この展開に若干の違和感を覚える。というのは、前半と後半に続く大蛇を同じものと扱うことに不自然さがある。鴻池の娘が変身した蛇と、人々に悪さをする大蛇とは同じものなのだろうか。鴻池の大蛇変身が、地域の人々に害を及ぼすためであるというのでは、その理由にならないからである。実際に話を聞いた際にも、前半と後半を無理やり結合させたかのような印象を覚えた。この伝説がどのように生成されていったのかを確認するために、伝説の前

半と後半についてそれぞれ詳しく見ていこう。
娘が丹池の大蛇となって棲みつくという話は、京丹後市内の広範囲で語られている。そこで、④の丹後半島の付け根に位置する弥栄町《やさか》に伝わる話を紹介する。

ある家の娘が毎晩どこかに出かけていくので、両親が気にかけていた。すると娘は、屋根裏に登り、蛇に化け、破風《はふ》から出て行った。ある時娘から「嫁にやってください」と頼まれたので、どこへだと尋ねると、「木津の俵野のたま池です」と言う。両親はとても驚いたが、嫁入り道具を準備して、たま池へ嫁にやった。たま池に行くと娘は、「お父さん、お母さんどうもありがとうございました。どうか末長く元気で暮らしてださい」と言って、大きな蛇に化け、たま池へ入っていった。その時の嫁入り道具の箪笥《たんす》、長持、それを担いだ棒がたま池のほとりに残っていたという。その後、母親がどうしても顔が見たかったのでたま池に行くと、娘はたま池の中から顔を出したという。

鴻池の娘の話ではないが、蛇となった娘が俵野の池に棲みつくという内容である。娘が乗った籠を運ぶ担ぎ棒が、この話では荷運びのものとなっている。続いて⑤の話は、

鴻池の娘が入水したとされる「丹池」

丹池のある峠を西に下った久美浜に伝わるものである。

　鴻池に美人の娘がいた。その娘が嫁に行きたいと言うので、嫁入り道具を準備し、桐の棒で担いでいった。娘は勝田池のほとりにくると、「ここに私は嫁に来ました」と言って飛び込んでしまった。親たちがそれを見て泣いていると、娘は蛇になって水面から頭を出した。それで親たちは諦《あきら》めて帰っていった。その時の桐の木の棒は長いこと残っていた。

　これらの話は全体からすると、前半部分だけで、大蛇が退治されるようなことはない。前半部のみで話は完結している。このような伝承の実態を見ると、丹池に嫁入りした前半部と大蛇退治の後半部とが結びつく必然性がないように思われる。それぞれ独立したものと見る方が自然である。

実は、娘が池に嫁入りする話は、昔話「蛇聟入《へびむこいり》」の「夜叉ヶ池《やしゃがいけ》」型と分類されるものである（関敬吾『昔話と笑話』岩崎美術社、一九六八）。そのタイプが、ここでは嫁入りしたことの証しとする「かつぎ棒」との繋がりを求め、伝説化した形で伝わっているのである。前半部が独立する形の丹池の話が、京丹後市の広い範囲で語られているという事実は、これが古くから伝承されていたことを示すもので、大蛇退治の伝説は後から付加されたものと考えることができる。

丹池の地質学的な考察

丹池にまつわる話のタイプに関する分析は以上として、続いて、丹池の由来に加えて丹波の地名の起こりにまつわる伝承を問題にしていこう。丹波の地名由来に関わる歴史史料からひもといていきたい。享保二〇年（一七三五）に編まれた『丹後旧語集《たんごきゅうごしゅう》』（『丹後資料叢書（第四輯）』所収、一九七二、名著出版）にその記事がある。

丹後篠村《しのむら》東大江山之《の》西之《の》麓に大き成《なる》池有《あり》、昔此《この》池に大蛇居住し近邊《ぺん》往来の人を害す。

或時優《あるときほのかなる》成往来稀《まれ》なる女彼《かの》池之《の》ひれを通りけるに大蛇出て是を見付即《すぐ》呑ける。仍而其《よりてその》女之《の》夫いきどほり忽《たちまち》彼池にさけび入《いり》大蛇出《いで》て此《この》男茂呑《ものみ》、男蛇の腹中にて刀を以て蛇の五臓を寸々《ずたずた》に切割《きりさき》大蛇絶兼《たえかね》て血を吐き出し、此男も生《いき》ながら吐出《はきだ》す。其《その》水紅にして赤丹《あかに》と成《なり》荒波をたゝへたるに依而《よりて》彼所を丹波と號《ごう》す。

「丹後篠村」とは、現在の亀岡市篠町で、「大江山」とは大枝山とも表記される。その篠村東大江山の西麓にあった大きな池に、大蛇が住んでいた。その大蛇がある女性を呑みこむ。その女性の夫もまた呑みこまれるが、夫が腹の中で大蛇を切り刻むと、大蛇は血とともに夫を吐き出す。そのとき吐き出された血が水を赤く染め荒波となったので、丹波と呼ばれるようになった。

これは江戸中期の記述であるが、他にも亀岡市を中心に「大蛇を退治し、その血によって水が赤く染まった。その赤から、丹波という地名になった」という伝説は、いくつか確認することができる。俵野と亀岡市は距離的な隔たりが大きく、直接の関連を言うことはできない。しかし少なくとも、丹池の伝説以外にも大蛇の退治が由来となって丹波という地名となった、という伝説が存在していることは明らかである。

それでは次に、なぜ丹池は赤く染まったのであろうか。その原因を探るために、一帯の地質を検証したい。

花崗岩《かこうがん》は京丹後市では広い範囲で見られる岩石である。マグマが地下深所でゆっくり冷え固まったもので、石材名は「御影石《みかげいし》」である。…中略…風化に弱い岩石なので、自然界では、風化してぼろぼろになった「マサ土《ど》」としてみる機会のほうが多い。マサ土は全体に赤茶色に白が点々と混じったような見掛けになる。…中略…花崗岩が風化したマサ土の崖《がけ》は、大雨の時にはがけ崩れを起こしやすいので注意が必要だ。

（京丹後市史編さん委員会『京丹後市史本文編『図説京丹後市の災害』』二〇一三、京丹後市）

表の②の話をしてくれた梨農家の方も、「元々の地層である安山岩の上に、風で吹き寄せた砂浜の砂が滞留しており、その砂はもともと円山川から流れ出た花崗岩の真砂《まさご》が西風に乗って滞留したものである。第三紀層は赤土である」と地質学の解説をしてくれた。

花崗岩は石英《せきえい》、長石《ちょうせき》、雲母《うんも》などからなる岩石で、石材として使用されることも多く、本来は白い岩石であるが、しかし、それが風化すると非常に脆《もろ》くなり、また岩石中の鉄分が錆び、赤く変色していくという。これがマサ土（園芸用語では「真砂土」の漢字を充《あ》てる）である。花崗岩は丹後半島では目にすることが多い岩石であるが、それがマサ土となった赤く色づいた姿を、多く目にすることができる。筆者も実際に丹池周辺を歩いてみたが、たしかに周囲には赤土が露出しており、また丹池のほとりにも赤土が広がっている。丹池の周辺は赤土で、これらの赤土はマサ土化した花崗岩である。

マサ土は、大雨の時には崖崩れなどを起こすことがあるという。大雨に流されたマサ土が水を赤く濁すのであれば、それこそ丹池が赤く染まった原因であると考えられる。そこで、二〇〇九年七月、花崗岩地帯である山口県中央部を襲った土砂災害に関する、判野《はんの》充昌《みつまさ》「土石流前兆現象・避難状況調査について」（『花崗岩地帯の土砂災害　論文集』二〇一一、（社）日本地すべり学会関西支部）という論文を確認してみると、「土石流発生前に、流水の色調が赤を示していた。最初発生した山腹の表層崩壊による赤い水の濁りではないかと推測される。」ということで、表層崩壊によりマサ土混じりとなった水流が赤く染まることは、十分に考えられるようである。

丹池周辺が豪雨に襲われ、マサ土によって水が赤く濁りながら、丹池に流れ込む。そしてまた丹池も、赤く濁る。実際、豪雨による被害があったかどうかは別として、マサ土が丹池に流れ込み水が赤く染まったことを説明するために、既存の伝説を流用しながら「この池の水は大蛇の血で赤く染まったのだ」というような伝説に作り変えられたのではないだろうか。
そのことを思わせるような話が、久美浜町海部を舞台にした、次のような伝説がある。

海士《あま》の赤池

熊野郡海部《あまべ》村の海士《あま》部落にも「あか池」があります。昔朱壺《しゅつぼ》を洗つた水がこの池に流れて、池の水が眞赤《まっか》になつたので「あか池」と云うようになつたのだとの説と、坂井城の殿様赤井家に附属していたので「赤井の池」といい、後あか池となつたとの説もあります。

また一説には天文年間に、母子二人の六部さんがこの附近を通り、母が急病で倒れたので海士人たちの情けによつて介抱をうけていた。母がしきりに「鯉の刺身が食べたい」と云うので、子の左近《さこん》は深更《しんこう》「あか池」に出かけて鯉をさがした。孝子《こうし》の一念は遂に三尺にあまる大鯉を捕えた。急いで持ち帰つて見ますと母は既にことされて居り、この以外な驚きのため左近も卒倒して、之《これ》また手当のかいなく遂に息切れました。村人たちは次第に多く集つて来ましたが、二人の死を見て驚き恐れ、これは必ずや池の主のたゝりにちがいないとその大鯉をもとの池に放しました。すると不思議や、池の水が眞赤となつたと云います。

海士の部落の人たちはこの池を「あか池」と、前記俵野の「丹池」とは底が続いている。ある時俵野の「丹池」に棒を投げたら、数日後に海士の「赤池」にその棒が浮いて出た、と云い伝えています。…後略…

（井上裕夫『木津の伝説』、橘図書館一九五二）

丹池とは異なる理由が説明されているが、その池は丹池と地下で続いていると述べられる。また、先述した梨農家の方も丹池と久美浜の油池とは地下でつながっていると話してくれた。花崗岩の地層にもとづく赤みがかった色をしている池を、神秘なものと見る人々の創造力が作った伝承といえる。

丹池の大蛇譚の形成

これまで述べてきたことを、整理しておきたい。丹池の伝説は、前半の「大蛇嫁入譚」と後半の「大蛇退治譚」とに分けることができる。前半の「鴻池の娘が丹池の大蛇に嫁ぐ」という内容は、京丹後市一帯において、昔話的な伝承として語られている。それに対し、後半の「退治した大蛇の地で水が赤く染まり、丹波という地名が起こった」

という内容は、舞台を変えて似た伝承が存在していることを確認した。

現在、勝田池と呼ばれている池に、かつてなんらかの理由で土砂が流れ込んだ。この土砂は赤土であり、赤土が流入した池の水は、赤く染まって見える。そのことから「丹池」と呼ばれるようになり、その不思議な現象を、「退治された大蛇の血で染まった」という言説がもっともらしく流通した結果、前半の「大蛇嫁入譚」に取り込まれ、「大蛇嫁入譚」と「大蛇退治譚」とが結びついて、一連の伝説が形成されたと考えられる。

しかし、鴻池の娘が大蛇となり、丹池に棲みつき退治されるという伝説は、どうやら丹池周辺のごく限られた地域でしか伝承されていなかったようである。伝承の原則でいえば、広い地域に伝えられている形は本来的な姿であり、ごく限られた部分にのみある形は新しく変化した姿とされる。いずれがもとの形か、また新しい変化かは、伝承例の多寡《たか》でも判断できる。それぞれ個別に伝承されていた二つのタイプすなわち「蛇体変身した鴻池の娘」と「退治される大蛇」の両者が、この丹池で出会い繋がることで生まれた伝説といえよう。

鬼退治伝説と丹後《たんご》
―麻呂子親王《まろこしんのう》と源頼光―

清野知子

麻呂子親王《まろこしんのう》鬼退治と酒顛童子《しゅてんどうじ》、酒呑童子

丹後半島の海は、古くから大陸との交流、交易が盛んで船の往来も多く、それに関連してさまざまな物語や伝説が多数伝えられている。本書にもその一部が取り上げられているが、そのうちここでは「麻呂子親王鬼退治」を話題にする。

麻呂子（麿子《まろこ》とも表記される）親王とは、三一代用明天皇の子とされ、丹後の大江山の鬼を退治したという伝説で知られる人物である。逃げる悪鬼を追い、つい

悪鬼が封じ込められたとされる「立岩」

には竹野《たけの》の海岸にそびえる「立岩《たていわ》」に封じ込めたとされるが、大江山から日本海に続く広範囲の地域を取り込んだ伝承である。この麻呂子親王鬼退治と同じ大江山を舞台とするのが「酒呑童子《しゅてんどうじ》」の物語で、両者は同じ構造の類話といえる。そこで、両者を比較するために作成した「麻呂子親王鬼退治」をもとに、類似点や独自性を見ていきたい。

比較するテキストを紹介すると、①は文政九年刊の「丹後七仏《しちぶつ》薬師　幷《ならびに》斎宮《いつき》の略縁起」で、巻末に「丹後加佐《かさ》郡白久庄《しらくのしょう》多禰寺《たねじ》主恵衆《けいしゅう》謹誌《きんし》」とある。白久庄は近世には志《しら》楽《く》村《むら》とも表記されるが、明治二二年から舞鶴市に属す。ここに多禰寺《たねじ》があり、住職の恵衆が記したことがわかる。②は弘化二年の「大江山《おおえやま》千丈ヶ嶽《せんじょうがだけ》酒顛童子由来」で、中表紙に「黙知軒《もくちけん》」と記されている。黙知軒とは地元の岩屋寺の住職で、画僧としても活躍した人物である。③は江戸初期の渋川版の御伽草子「酒呑童子」（岩波文庫）で、近代以降に広く読まれている。

二つの「鬼退治」の比較

以上の三つのテキストを、七つの構成要目に分けて、それぞれの内容を要約した。その構成要目にしたがって分析を加えていく。まず「主人公」について、その名前からわ

麻呂子親王鬼退治表

	主人公	被退治者	祈願神仏	援護者・物	場所	退治方法	結末
①	麻呂子王	英胡、軽夜叉、土熊	薬師、伊勢神宮	馬、犬と明鏡	大江山の岩窟、立岩	二鬼退治、土熊を立岩に封ず	七仏薬師建立、王を斎宮明神に祭る
②	頼光、頼国（他五人）	酒顛童子、石熊、荒熊	八幡、熊野、住吉	老翁三人、婦人、神変奇特酒、兜	大江山、千丈ヶ嶽	酒顛童子の首は老ノ坂に飛ぶ	鬼首は老ノ坂の首塚明神に祭る
③	頼光（他五人）	酒呑童子、石熊童子、茨木童子他	八幡、熊野、住吉	翁三人、上臈姫君、じんべんきどく酒	千丈岳	鬼どもを殺害	姫君を都に連れ戻す

〔出典〕①「七仏薬師并斎宮の略縁起」（『京丹後市史資料編　『京丹後市の伝承・方言』』）②「大江山千丈ヶ嶽酒顛童子」（①に同じ）③「御伽草子「酒呑童子」」（岩波文庫）

かるように、いわゆる①は「麻呂子親王鬼退治」で、②③は「酒顛童子」「酒呑童子」である。「被退治者」は、①のテキストでは英胡《あいこ》は「虚空をかけり」、軽夜叉《かるやしゃ》は「海を飛《ひ》行《ぎやう》し」、土熊《つちぐま》は「石壁《せきへき》をくゝり転変自在《てんぺんじざい》なれ」と、名前と異能との類似性を示す。②の酒顛童子の他の石熊、荒熊は①の「土熊」に類似した表現である。③の「石熊童子」は②と同一のものと思われる。②と③の内容は基本的には一致するが、地域性に関わる部分に違いが見られる。

「祈願神仏」の①の薬師と伊勢神宮は、結末において建立する寺社と相関する。②の

「八幡、熊野、住吉」の三神は、それぞれ固有の性格を有する神であるが、それを強調するというよりは、物語に普遍的に登場するポピュラーな神々といった役割である。「援護者・物」は、「退治方法」とも関連して、①は馬、犬が案内し、鏡は隠れる鬼の姿を顕示する役割を果たす。②③は神の化身の三老翁、誘拐された娘が場所を知らせ、酒は鬼どもを酔眠させる手立てに用いられる。

京丹後鉄道大江駅にある「酒呑童子」

「鬼の棲家」のある大江山は別名「千丈ヶ嶽」とも言われ、丹波と丹後を隔てる山として、古くから修験の修行場に利用されてきたという。②で酒顛童子の首を祀る首塚明神のある老ノ坂は、京都と亀岡との間にあり、交通の要衝であり、防備を固める必要の峠である。「退治方法」は「援護物」と関連し、「結末」も「祈願神仏」と呼応する。すなわち①の場合は、鬼退治を成就させてくれた礼に社寺を建立する。この社寺がこの伝承と深く関わっていることは、①のテキストが「七仏薬師如来」の一つを祀る「多禰寺」の住持《じゅうじ》がテキストを書写したことからもわかる。仏教の布教手段に利用したと思われる。それに対して③は都から誘拐された娘を取り戻すところが主眼となっており、化外《けがい》にいる鬼どもから王城を鎮護する発想にもとづいている。それは中央で出版されたことが深く関わっている。その点、②は酒顛童子の首を「首塚明神」として地蔵堂に祭るなど、地域の伝説の役割を担っている。

麻呂子親王鬼退治と地域の伝説

麻呂子王鬼退治と「酒顛童子」「酒呑童子」の物語的展開の傾向と特徴について見てきた上で、次に麻呂子親王鬼退治が地域にどのような伝説として定着されているかについて見ていきたい。版本が「丹後七仏薬師并斎宮の略縁起」とあるように、この本は基本的には丹後にある七仏薬師と斎宮神社の縁起を説く物語で、これに関係する寺社の布教活動に利用されたことは明確である。

「七仏薬師」とは、本書に次のように記している。

第一《だいいち》の如来《にょらい》ハ　加悦庄《かやのしやう》　施薬寺《せやくじ》　（善名称吉祥如来）
第二の如来《にょらい》ハ　河守庄《かうもりの》　清園寺《せいおんじ》　（月智嚴光音自在王如来）
第三の如来《にょらい》ハ　竹野郡《たかのごふり》　元　興寺《ぐはんかう》　（金色寶光如来）

「斎宮《いつきのみや》神社」竹野神社の隣にある

第四の如来《にょらい》ハ　同郡　神宮寺《じんぐうじ》
（法界勝慧遊戯神通如来）
第五の如来《にょらい》ハ　溝谷庄《みぞたにのしょう》　等楽寺《とうらくじ》
（法界雷音如来）
第六の如来《にょらい》ハ　栗田《くんだの》庄　成願寺《じゃうぐはんじ》（無憂寂勝寶吉祥如来）
第七の如来《にょらい》ハ　白久《しらくの》庄　多禰寺《たねじ》
（薬師瑠璃光如来）

※（　）内は本文にはないが、祭られている如来名を便宜上記した。

七寺のうち施薬寺（与謝野町）、清園寺（福知山市）、等楽寺（京丹後市）、成願寺（宮津市）、多禰寺（舞鶴市）は現存し、麻呂子親王の鬼退治のことを寺伝等に残している。ただ、元興寺は「願興寺」と名を改め、無住となり草

京丹後市丹後町にある「竹野《たかの》神社」

むらの中に薬師堂、宝篋印塔《ほうきょういんとう》や石塔などがあり、地域の人が守っている。神宮寺は廃寺となり、境内跡に「麻呂子親王御廟之地」の石碑が建っている。

縁起が書かれた時代に、この七寺が「麻呂子親王鬼退治」をどのようなネットワークのもとに活動に用いていたのか不明であるが、当時の七寺はほとんどが真言密教の寺で、山間地にあったとされる。山岳を修行場として活躍していた時代の密教修験が、この伝説の形成や弘布《ぐぶ》に関わっていた形跡は十分に考えられる。

七仏薬師に続いて大願成就後に建てられたとされるのが、竹野《たかの》神社の境内摂社《せっしゃ》の「斎《い》宮神社《つきじんじゃ》」である。①の略縁起には、

并《ならび》ニ竹野《たかの》の里《さと》に宝殿《ほうでん》を営《いとな》ミ、大神宮《だいじんぐう》を勧請《くハんぜう》し給ふ、後《のち》に左辺《ひだり》に王子《おうじ》の社《やしろ》を立《たて》て若宮殿《わかみやでん》と名《なづ》く、今都《いますべ》て斎宮大明神《いつきだいめうじん》と称《しやう》せるはハ、中世《ちうせ》に至《いた》り熊野郡市場村《くまのこほりいちばむら》より少女《せうぢよ》を斎宮《いつき》に充《あ》つ、其少女《そのせうぢよ》の屋上《いへのうへ》にハ必《かなら》ず白羽《しろは》の箭《や》現《あら》ハる、其稀有余社《そのけうよしや》に殊《こと》なるを以《もつ》て

神号《しんがう》とせり、又毎歳《としごと》の霜月丑《しもつきうし》の日《ひ》を以《もつ》て鬼祭《おにまつ》りの伝《でん》あり、其祭法《そのさいほう》ハ社司長官《しやしちやうぐはん》の秘伝《ひでん》する処《ところ》也、

とある。麻呂子親王の「若宮殿」を包摂《ほうせつ》し、「斎宮大明神」と改名された理由を、熊野郡市場村（現、京丹後市宮）から少女を斎宮として、神（麻呂子親王）に奉仕させたことから始まると記す。

また、注目すべきは「鬼祭り」を十一月の丑の日に行うという記事である。竹野神社では、他にも「川そそ祭り」の行事もあり、立岩に御幣、祝詞を上げに行くのだという。いずれも退治した鬼の鎮魂を意図したものであろう。牧の谷には「鬼神塚」と書かれる七つの丸石があり、『丹哥府志《たんかふし》』によると夷賊《いぞく》の墓とされる。

こうした鬼退治の伝説に類するものに、大江山の北麓の加悦町《かえつ》では、鬼が大江山から投げた

丹後町牧の谷にある鬼神塚。麻呂子親王退治の夷賊の墓とされる

「二《ふた》つ岩《いわ》」があると言い、また、家臣と伝える鞭《むち》家には「薬師像と鞭」があるとされる。野田川町石川では、ツチグルマが地中を潜って竹野に逃れたと伝えている。丹後町竹野には、土中の馬を願掛けによって蘇生させた「馬堀」の伝説や、白犬の額に明鏡をつけて鬼を照らしたということも伝えている。

鬼が封じ込められた立岩は、冬場になると海からの北西風が吹き荒れる。その風の音を、土地の人々は「鬼の泣き声」と呼んでいるのは、伝説が生活レベルにおいてリアリティーをもって受け入れられている証拠といえよう。物語享受を目的とした御伽草子の「酒呑童子」とは違い、「麻呂子親王鬼退治」は、地域に密着した伝説の形で伝えられているのである。

物語伝承の背景と環境

「麻呂子親王鬼退治」をどのように評価するかは難しい問題であるが、ここでは伝承研究の立場から少し意見を整理しておきたい。早くに芦田完《あしだかん》氏は「麻呂子親王鬼賊退治」をもとに「頼光大江山伝説」が形成されたのではないか（『両丹日々新聞』一九五〇）と述べたのは、地元の研究者の立場として大事にしなければなるまい。伝説を地域の視点から見る方法がそこにはある。

　これに対して、高橋昌明氏は麻呂子親王が奈良の当麻寺《たいまでら》の創建者と目される人物であることから、当麻寺の勧進聖《かんじんひじり》が聖徳太子伝説をもとに作ったのではないかと指摘した。「丹後諸寺の勧進に起用されたワタリの職業的勧進聖・絵解法師《えときほうし》たちこそ、日子坐王《ひこいますおう》伝説を麿子《まろこ》親王の鬼退治伝説に翻案再生した人々だったのではないか」（『酒呑童子の誕生』中公新書、一九九二）と指摘した。中世文学や宗教の立場からの見解は深みがある。本稿がテキストとして分析してきた「丹後七仏薬師并斎宮の略縁起」の成立は、まさしくそうした事情を端的に示しているからである。

　ただそれはテキストの成立の経緯であって、テキストの背景や、それがどのように布教されたかの実態に関わるものではなく、テキストが作成された環境や享受する人々の動向とは無関係である。そのことに触れて注目したいのは、記紀の「四道将軍《しどうしょうぐん》」で、日子坐王が丹波の玖賀耳之御笠《くがみみのみかさ》の征伐に遣わされたことに結びつけた鬼退治の伝説である。王の軍勢が由良港で敵を見失い、石で占ったところ大江山に登ったと展開していく。『丹後国風土記残欠』と題する写本であるが、一般には偽書とされる。

　しかし、この伝説が、玖賀耳之御笠を追って海に出た彦坐王が、船底に穴が開いたのを鮑《あわび》が救済した「彦坐王鮑救難譚」と関係するからである（本書の「海岸地形とサザエ救難伝説」参照)。このように物語的伝説がさらに展開していくのである。それにはこの地域がどのような歴史文化的、自然地理的環境の土地であるかの認識が必要となる。ここではそれ以上触れず、物語が積層していることを示すにとどめるが、そうした物語伝承の磁場を持った地域と考える必要があろう。

海と山の白兎《はくと》伝説―白兎《はくと》海岸と八頭《やず》町福本の白兎神社《はくとじんじゃ》―

後藤若菜

海の白兎伝説

「白兎《しろうさぎ》伝説」と聞くと、どのような話を思い浮かべるだろうか。

おそらく日本人が真っ先に思いつく話は、『古事記』の「因幡の白兎」ではないだろうか。白兎が登場し、ワニとのコミカルなかけひきが印象に残る話である。日本神話の中でも、小学生の国語教科書にも掲載されるなど、有名な話の一つといえる。

『古事記』神々の話を中心とした上巻に収録されている白兎のあらすじは、次の通りである。

「白兎神社」（白兎海岸近くにある）

大穴牟遅神《おおなむちのかみ》（大国主命のこと）は、因幡《いなば》の八上姫《やがみひめ》に求婚しようとする八十神《やそがみ》たちのお供をして因幡におもむいた。気多之前《けたのさき》に来たとき、そこに裸の兎《うさぎ》がいた。大穴牟遅神がわけを尋ねると、淤岐ノ島《おきのしま》から本土に渡ろうと思い、海の和邇《わに》を欺《あざむ》いて、その背を踏んでここまで来た。今まさに地上に降りようとする時、和邇を騙《だま》したことを告げると、和邇が兎を捕まえて毛を剥《は》ぎ取ってしまった。そこへ通りかかった八十神《やそがみ》の教えで、海水を浴びて高山の頂上に伏していたが、海水が乾くにつれて皮膚《ひふ》が風でヒビ割れ、苦痛のあまり泣いていたのだという。かわいそうに思った大穴牟遅神は、兎に水門《みなと》へ行って真水で体を洗い、蒲《かま》の穂を敷いて転がるようにと教えた。教えのとおりにすると、兎の体は元通りになった。「八上姫は、きっと優しい大穴牟遅神を夫に選ぶことでしょう」と予言した。

（川上博一『神蹟　白兎の宮』白兎神社社務所、二〇一五）

海を渡ろうとしてワニを騙し毛を剥ぎ取られた白兎《しろうさぎ》を、大国主命がアドバイスをして助けてあげたところ、白兎は大国主命は八上姫に夫に選ばれると予言する話である。この伝説の場所は、鳥取県鳥取市白兎《はくと》の白兎海岸とされる。白兎が大国主命と八上姫

気多の崎から見た「淤岐の島」

が結ばれると予言したことから、白兎海岸の近くに鎮座する白兎神社が縁結びの地とされ、今は有名な観光スポットになっている。大国主命と白兎の石像や、大国主命と八上姫が手を取り合う砂像のモニュメントがある。また海岸には伝説に登場する気多之前《けたのさき》と淤岐ノ島《おきのしま》の、岬と島がある。その間の海面の岩礁は、白兎が海を渡る際に並んだ和邇《わに》のようにも見える。

白兎《はくと》神社は、白兎の石像の設置された階段を上った高台に鎮座している。祭神は白《はく》兎神《とのかみ》、保食神《うけもちのかみ》、豊玉姫神《とよたまひめのかみ》で、創建は不明である。白兎神が縁結びの神とされていることもあり、周辺地域のみならず全国からも結婚式の申し込みが絶えないという。

この地域が白兎伝説の舞台とされたのは、

八頭町福本の「白兎神社」。今は本殿がない

地形が神話に当てはまることと、白兎神が氏神であったという二つの要因が重なったからだと考えられる。ただし、白兎地域の氏神が最初から古事記の白兎神とされていたわけではないようだ。

神社の社名変更と吉田家

平成一一年一一月に、当時島根県立女子短期大学教授の石破洋氏は『イナバノシロウサギの総合研究』（牧野出版、二〇〇〇）を出版した。これに収録された「因幡の白兎異伝考」という論文がある。

石破氏は因幡最初の地誌である小泉友賢《ゆうけん》『因幡民談記《いなばみんだんき》』貞享《じょうきょう》五年（一六八八）に、高草郡内海《うつみ》（現、鳥取市白兎）の氏神が「大兎明神」と記されているのに、寛政七年（一七九五）の安陪《あべ》恭庵《きょうあん》の『稲羽志《いなばし》』では高草郡の式外社は「白兎神社」と変わっていることを指摘した。

この時代は吉田家の卜部《うらべ》神道の第二次隆盛期とされる。神道大系編纂会『神道大系論説編　卜部神道（下）』（一九九一）には、吉田家が神道界における権力を拡大し、全国の神社に影響を与えていく様子を示す資料として『上京日記』を挙げ、当時の状況を解説している。日記は東京都西多摩郡五日市町伊奈《いな》に鎮座する岩走《いわばしり》神社に保存されており、寛政六年（一七九四）に岩走神社の神職であった宮沢安通によって書かれたものである。

この日記には安通が、産土神《うぶすながみ》の岩走大明神に正一位の神階を吉田家から受けるために、京都へ向かう道中の様子や、在京中のできごとについて記されている。地方の神社の氏子たちは、自分たちの村で祀る神の地位が上がり、奉仕している神職が公式な位階を授受していくことを誇りにしたという。吉田家の勢力が増す近世以降の古典重視の風潮は、全国の神社の社名変更にも大きな影響を与えた可能性が高い。

山の白兔伝説

石破氏は、もともと高草郡には地域に伝承される白兎神が祀られていたが、国学者によって『古事記』にある因幡の白兎を祀る神社に編成替えされていったと推測しているが、同じような神社は他にもある。鳥取県八頭《やず》郡八頭町福本に鎮座する「白兎《はくと》神社」がそれである。福本の白兎神社は因美線郡家《こおげ》駅を降り、徒歩で十分ほどの所にあり、周囲には田んぼが広がり、葉の茂る巨木に囲まれたところに鎮座している。背後には山の尾根が東西に続いているのどかな場所である。

鳥取市白兎の白兎神社同様、創建年は分かっていない。五四代仁明《にんみょう》天皇（八三三～八五〇）の時代に叙位、奉幣があったと伝えられている。白兎神社の現在の景観は、一般の神社と異なっており、境内には祠《ほこら》のみで本殿がない。初めて訪れた者にとっては不可思議な光景である。

もちろん、福本の白兎神社に初めから本殿が無かったわけではない。明治三九年（一九〇六）に神社合祀の勅令が出たのがきっかけである。勅令から八年後の大正五年、白兎神社は八頭町宮谷《みやだに》の賀茂神社へと合祀、御神体が移され、本殿は境内に残された。だが同年、第一次大戦による物資不足などが原因で、村での管理が経済的に困難となり、白兎神社の本殿は隣集落の下門尾《しもかどお》の青龍寺《せいりゅうじ》へと引き渡されることとなった。

この青龍寺に白兎神にまつわる伝説が残されている。古事記の白兎伝説とは別のもので、青龍寺保管の『城光寺縁起《じょうこうじえんぎ》』に次のように記されている。

往古に大日霊女尊《おおひるめのみこと》（天照大御神のこと）が中山（福本を含む、四ヶ村に沿う尾根続きの山の最も東）に降臨され、頂上に宮を造ることにした。そこへ白兎《しろうさぎ》が現れ、尊の装束の裾を咥えて道案内をした。尊が白兎の案内通りについていくと、遥か西方の石が二つある場所へと着いた。そこへ尊は宮を造り、石は皇后《こうごう》の石（実際に名のついた巨大な岩がある）と、またその地は伊勢之平と現在呼ばれている。

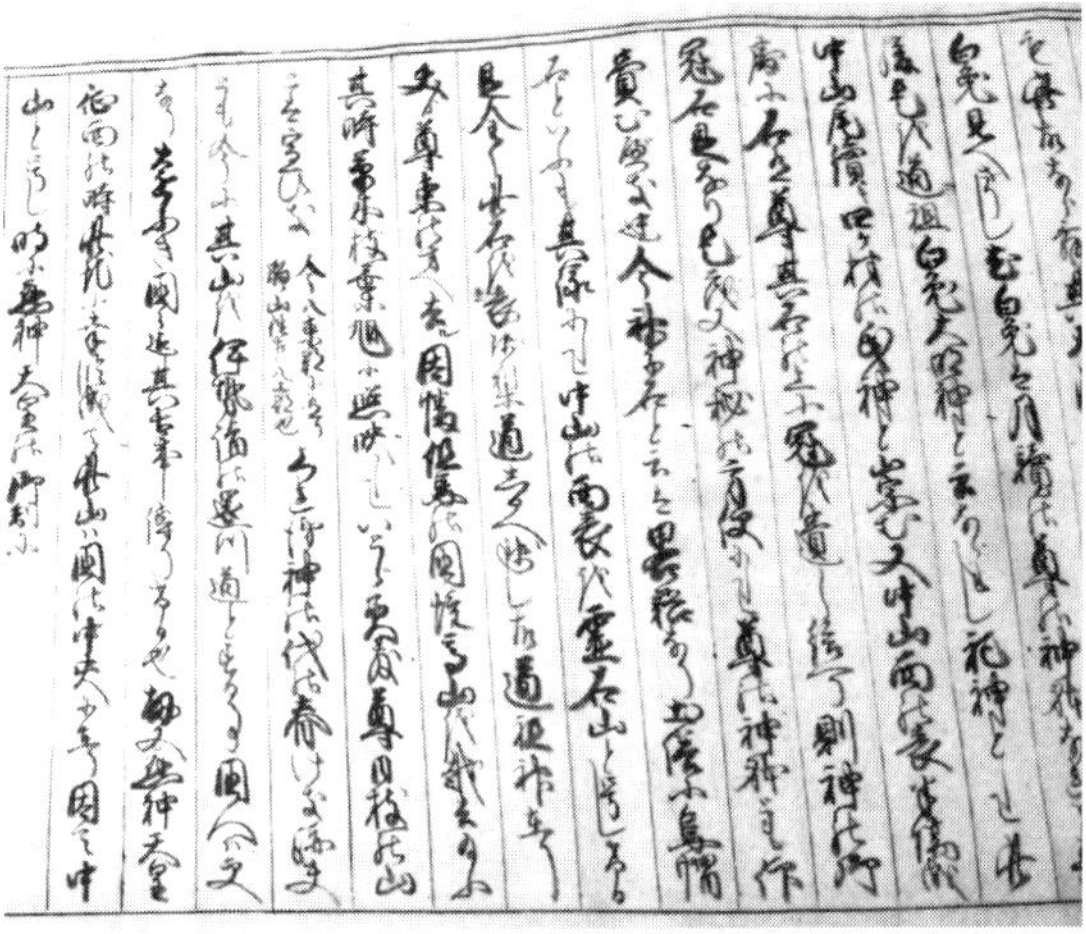

白兎神の由来を記す「城光寺縁起」

いつのまにか白兎はいなくなってしまった。白兎は月読尊《つきよみのみこと》であるので、これを道祖白兎大明神というようになった。この神を中山尾根続き四ヶ村の氏神と崇《あが》め、尊は石の上（皇后の石ではない二つ目の石）に冠を置いたので、御冠石とされ現在は神子岩《みこいわ》・御子石《みこいし》とも、烏帽子岩《えぼしいわ》とも呼ばれている。中山の最も西は霊石山と呼ばれている。

尊は因幡但馬の国境の高山を越え東の方へと去っていった。その際、草木枝葉が日に照らされ非常に美しかったため、尊は日枝《ひよう》の山《せん》と名付けられた（現在下門尾から東の八東郡《はっとうぐん》にある）。その後尊の通った道は伊勢詣の道となり、また応神天皇が西方征伐に来た際、この山国の中心に鎮まられたため「中山」と呼ばれている。

（青龍寺保管翻刻文書を筆者要約）

青龍寺は、明治三五年（一九〇二）に千葉県成田山新勝寺より成田山不動明王を勧請し、城光寺から成田山青龍寺と改称された寺である。伝説に登場する白兎は、郡家《こおげ》駅のキャラクター「やずぴょん」となり、人形が駅構内に置かれ、駅前のロータリーには「神ウサギ」なる石像が建てられている。「白兎伝説の里　八頭町」と書かれた石版も設置され、『古事記』とは別の白兎伝説の地として、近年広く知られるようになった。

伊勢参りと伝説化

『城光寺縁起』の成立時代は不明であるが、縁起冒頭には改正年が四つ記されており、一番近年に近いのは安政五年（一八五八）である。書いた者も不明で真偽のほども分からないが、江戸時代中頃の中山周辺の環境や時代背景が関係していると考えてよいだろう。なぜなら一八〇〇年代は因幡但馬では、伊勢参りをする人々が一七〇〇年代に比べ大幅に増加しているからである。

『城光寺縁起』の白兎伝説は、中山尾根続きの麓四ヶ村の人々に、天照大御神への信仰心を篤くさせ、天皇の権威を示し、伊勢参りを推奨することを目的として書かれたと考えられる。それは伝説の内容において、大日霊《おおひる》女尊《めのみこと》が因幡但馬の国境の高山を越えていく結末となっているからである。白兎伝説の最初に大日霊女尊を登場させ、白兎に西への道のりを案内させ、最後には「日枝の山」を越えるという結末にし、村人たちに「天照大御神の通ったありがたい道」と認識させ、多くの人々を伊勢参りに導引しようという意図があったのではないだろうか。実際に、伊勢へ向かうためにつかわれた街道跡には、「太神宮」御神燈・供養塔が今でも残されている。

大日霊女尊（天照大御神）の冠を置いたとされる「御子岩」

ちなみに草木枝葉が朝日に照らされとても美し

かったため「日枝の山」と言ったとあるが、その山が今の「氷ノ山《ひょうのせん》」である。氷ノ山は須賀ノ山《すがのせん》とも言われ、八《や》頭《ず》郡若桜町《わかさちょう》と兵庫県養父《やぶ》市の県境にそびえ、兵庫県では一番高い。その名の通り冬は氷や雪に覆われ、兵庫県側、鳥取県側どちらでもスキー場や観光地として賑わう。

兎に注意の標識

白兎に案内され大日霊女尊が途中座った石は「皇居石《こうきょいし》」、最後に辿りついた霊石山で冠を置いた石には「御子石《みこいわ》」（御冠岩《みかんいわ》）と名付けられている。御子石は高さ四・八メートル、周囲一六メートルの巨岩である。実際に見てみると、人間でも簡単に転がり落ちそうな斜面に、圧倒される程の大きさの岩が留まっている様子は、何か自然の不思議な力、言うなれば神意が宿っているように感じられる。

伝説を縁起に記した理由は二つ考えられる。一つは白兎神社の神職が郡から指示を受け、漁師等の地域民が多く信仰する青龍寺（檀家寺《だんかでら》ではなく祈祷寺《きとうでら》である）住職に書くことを依頼した。あるいは村の上役が村人皆の信仰心を篤くするために、伝説と青龍寺・白兎神社との結びつきを強くさせようとした、のどちらかではないだろうか。

先述したように、『因幡民談記』では福本の氏神は白兎地域と同じく「大兎明神」であったのが、『稲羽志』では氏神は「白兎大明神」に変わっている。天照大御神が登場することから、『古事記』の白兎神は福本の地でも知られていたと推測できる。しかし、伝説は必ず、各地域の地形や環境が関わって生まれ成立する。福本の付近には、長く連なる中山の尾根に、驚くほど巨大な岩石が存在した。また近年は減ったが、昔は兎は山に多くいて、地域の人々には身近な動物であった。それらの条件がそろったところで「城光寺縁起」の白兎伝説は形成されたといえる。

以上のように、海の白兎地域の白兎伝説も、福本にある山の白兎伝説も、それぞれの地域性や時代性を反映して形成され、残るべくして残った「白うさぎ」のお話なのである。

参考　霞会館資料展示委員会『参宮・遷宮・伊勢神宮』（霞会館、二〇〇九）

あとがき

「山陰海岸ジオパーク」を初めて訪れたのは、平成二六年の八月夏のことで、レンタカーを借りて丹後半島の東端から、起伏が多く長い海岸線を、兵庫県そして鳥取の岩美の浜まで、二日掛かりで走った覚えがある。その年は勤務校から国内研修の研究期間をもらい、阿蘇と宮城のフィールド調査に山陰海岸も加えて、毎月どこかしらに出かけ、新鮮で開放的気分の聞書きをしていた。

ジオパークについては、確かその前年に、新潟県の糸魚川市に学生との調査に出かけた折、所々にある案内板等で知っていた。ただ、観光客向けのものといった程度で見過ごしていた。しかし、山陰海岸ジオパークは「独り旅」のせいもあり、案内板やパンフレットにも注意し、二、三のジオパーク館にも足を運んだ。その年は十二月にも山陰に出かけた。

翌年の四月から勤務に復帰しても、ジオパークの好印象は残っていた。そこで、大学院の授業の計画に「ジオパークと伝説研究」を盛り込み、実地のフィールドワークを試みることにした。院生も快く受け入れたので、夏と冬の二回、四、五日の調査を計画した。調査は、各自が事前に調べた研究対象にもとづいて研究地に赴き、資料の収集や聞き取りを行なうというものである。遠距離の旅費の節約もあり、初日と最終日に現地の豊岡市での打ち合わせを行ない、往復は各自が自由に決め、現地での集合、解散とした。

翌年の平成二八年も、院生の顔ぶれに変化はあったが二度調査を行ない、都合四回にわたる調査に、各自の個別調査を加えて調査は終了した。その後、調査成果をそれぞれが掘り下げ、全体の検討会の熟議を繰り返し、まとめたのが本書である。事の顛末は以上であるが、問題はその中身ということになるだろうが、それは本書を読んで判断してもらうしかない。従来の信仰に依拠した伝説研究からの脱皮を心がけたつもりである。

本書の「序」でも触れたことであるが、モノとしての自然、ここでいう「大地の遺産」である地形や地質資源と、地域の人々の暮らしは深く関わっている。「地(ジオ)生態学(エコロジー)」における生態的環境の変化の中に生きる人間は、その動態をコミュニケーションの言葉(＝伝説)として営為創造するのではないかと考えている。信仰や文芸に劣らぬプリミティヴな力こそが、伝説にあるのではないだろうか。そうした視点が「ジオパークと伝説研究」の基盤にあり、本書はそこに根拠を置いて展開しているのであると説きたい。

しかし、思いと結果はいつも一致するとは限らないのが、わたしたちの毎日である。

本書では山陰海岸の伝説に多い「落人伝説」や「流離伝説」、「アメノヒボコ伝説」などまで手を広げることができなかった。こうした歴史や文化にまつわる伝説にも、ジオパークは関係しているとわたしたちは考えているが、しかし、それは今後の課題として、しかるべき機会まで問題テーマを温めておきたい。

なお、本書の構想がほぼ終了した平成二九年の七月に、「新温泉町山陰海岸ジオパーク館」の谷本勇館長を訪ね、本書への原稿を依頼すると、その場ですぐに快諾してもらった。「刊行に寄せて」の巻頭文が本書を飾ることになり、大変に喜ばしい。三年前にふらっと同館を訪れた際、熱く展示を説明されたことが、深く心に残っていたからである。

最後に、出版事情の厳しい中、研究の経歴の未熟な者や、その小論を一冊の本に仕立ててくれた三弥井書店に、とりわけ編集部の吉田智恵さんに心より感謝申し上げます。出版物の社会的意義と出版社の良心とが、広く読者に認知され受け入れられていくことを、編者および執筆者ともども心より願うしだいである。

編者紹介

花部英雄（はなべ・ひでお）

國學院大學文学部卒業
1950年　青森県生まれ
現在　國學院大學教授　博士（文学）
専門　口承文芸（昔話・伝説）研究
おもな著書
『西行伝承の世界』（岩田書院、1996）
『呪歌と説話─歌・呪い・憑き物の世界─』（三弥井書店、1998）
『今に語りつぐ日本民話集』全45巻（共編、作品社、2000 ─ 2003）
『漂泊する神と人』（三弥井書店、2004）
『昔話と呪歌』（三弥井書店、2005）
『まじないの文化誌』（三弥井書店、2014）
『雪国の女語り　佐藤ミヨキの昔話世界』（三弥井書店、2014）
『西行はどのように作られたのか─伝承から探る大衆文化』（笠間書院、2016）

ジオパークと伝説

平成30年7月5日　初版発行

定価はカバーに表示してあります。

発行者　　吉田栄治
発行所　　株式会社 三弥井書店
〒108−0073東京都港区三田3−2−39
電話03−3452−8069
振替00190−8−21125

ISBN978-4-8382-3337-3 C0025
整版　ぷりんてぃあ第二
印刷　エーヴィスシステムズ

執筆者一覧

春日井　秀　昔話伝説研究会会員

北村規子　所沢市立安松中学校教諭

後藤若菜　國學院大學大学院特別研究生

清野知子　國學院大學大学院特別研究生

瀬戸口真規　日本口承文芸学会会員

谷本　勇　新温泉町山陰海岸ジオパーク館長

冨樫　晃　國學院大學大学院博士課程後期

花部英雄　國學院大學教授

山口くるみ　日本口承文芸学会会員

山田栄克　神田女学園中学高校教諭

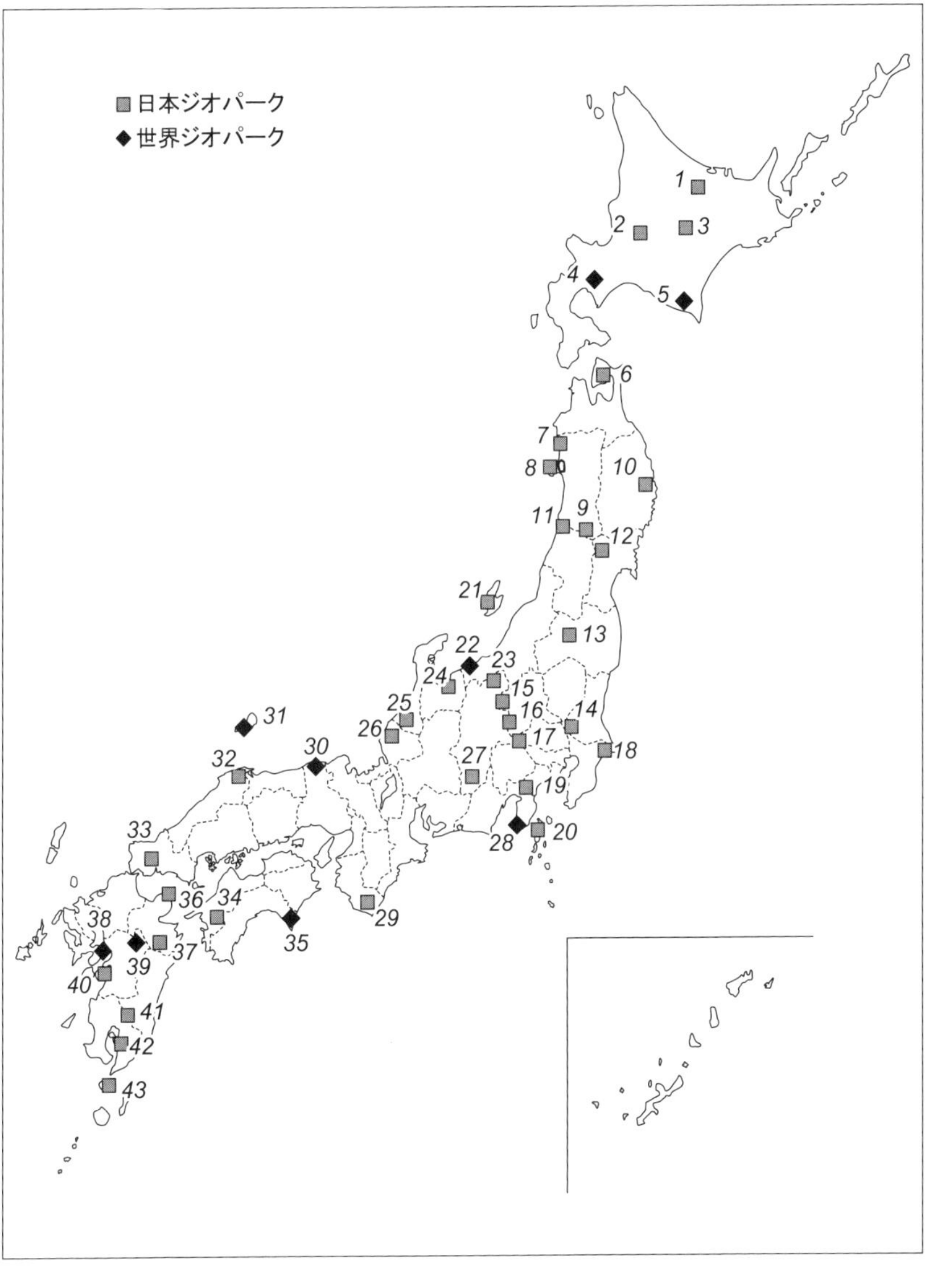

■日本ジオパーク
◆世界ジオパーク
1
2
3
4
5
6
7
8
9
10
11
12
13
14
15
16
17
18
19
20
21
22
23
24
25
26
27
28
29
30
31
32
33
34
35
36
37
38
39
40
41
42
43

日本のジオパーク一覧

全43地域　うち9地域は世界ジオパークにも認定される(2018年3月現在)
北から南へと順番を付けて、地図と対応させた

◇名称
◇加盟年月（■日本ジオパーク／◆世界ジオパーク）
◇構成自治体名
◇問い合わせ先

北海道

1 ■白滝ジオパーク
◇2010, 09／—
◇北海道　紋別郡　遠軽町
◇白滝ジオパーク交流センター
〒099-0111　北海道紋別郡遠軽町白滝138-1
白滝ジオパーク交流センター
TEL 0158-48-2020　FAX 0158-48-2374

2 ■三笠ジオパーク
◇2013, 09／—
◇北海道　三笠市
◇三笠ジオパーク推進協議会
〒068-2192　北海道三笠市幸町2番地
三笠市役所　商工観光課内
TEL 01267-2-3997　FAX 01267-2-7880

3 ■ とかち鹿追ジオパーク

◇2013, 12／—
◇北海道　河東郡　鹿追町
◇とかち鹿追ジオパーク推進協議会　事務局
〒081-0341　北海道河東郡鹿追町瓜幕西29線28番地
とかち鹿追ジオパーク・ビジターセンター
TEL 0156-67-2089　FAX 0156-67-2099

4 ■ ◆洞爺湖有珠山ジオパーク

◇2008, 12／2009, 08
◇北海道　伊達市、豊浦町、壮瞥町、洞爺湖町
◇洞爺湖有珠山ジオパーク推進協議会
〒049-5692　北海道虻田郡洞爺湖町栄町58
洞爺湖町役場経済部ジオパーク推進課内
TEL 0142-74-3015　FAX 0142-76-4727

5 ■ ◆アポイ岳ジオパーク

◇2008, 12／2015, 09
◇北海道　様似町
◇様似町アポイ岳ジオパーク推進協議会事務局
〒058-0013　北海道様似郡様似町大通1丁目21番地
TEL 0146-36-2120　FAX 0146-36-2662

東北

6 ■ 下北ジオパーク

◇2016, 09／—
◇青森県　むつ市、大間町、東通村、風間浦村、佐井村

◇下北ジオパーク推進協議会事務局
〒035-8686　青森県むつ市中央一丁目8番1号
むつ市企画部ジオパーク推進課
TEL 0175-22-1111（2811〜2815）
FAX 0175-23-4108

7■八峰白神ジオパーク
◇2012, 09／—
◇秋田県　八峰町
◇八峰白神ジオパーク推進協議会
〒018-2632　秋田県山本郡八峰町八森字三十釜144-1
ぶなっこランド内
TEL 0185-77-3086　FAX 0185-88-8075

8■男鹿半島・大潟ジオパーク
◇2011, 09／—
◇秋田県　男鹿市、大潟村
◇男鹿市教育委員会
〒010-0595　秋田県男鹿市船川港船川字泉台66-1
男鹿市教育委員会生涯学習課ジオパーク推進班内
TEL 0185-24-9104　FAX 0185-24-9156

9■ゆざわジオパーク
◇2012, 09／—
◇秋田県　湯沢市
◇湯沢市ジオパーク推進協議会事務局
〒012-8501　秋田県湯沢市佐竹町1-1
湯沢市観光・ジオパーク推進課内

TEL 0183-55-8195　FAX 0183-79-5057

10■三陸ジオパーク

◇2013, 09／—
◇青森県　八戸市、階上町
◇岩手県　洋野町、久慈市、野田村、普代村、田野畑村、岩泉町、宮古市、山田町、大槌町
◇釜石市、住田町、大船渡市、陸前高田市
◇宮城県　気仙沼市
◇三陸ジオパーク推進協議会事務局
〒027-0072　岩手県宮古市五月町1-20
宮古地区合同庁舎内
TEL 0193-64-1230　FAX 0193-64-1234

11■鳥海山・飛島ジオパーク

◇2016, 09／—
◇秋田県　にかほ市、由利本荘市
◇山形県　酒田市、遊佐町
◇鳥海山・飛島ジオパーク推進協議会
〒018-0192　秋田県にかほ市象潟町字浜ノ田1
にかほ市役所　象潟庁舎内
TEL 0184-62-9777　FAX 0184-62-9788

12■栗駒山麓ジオパーク

◇2015, 09／—
◇宮城県　栗原市
◇栗駒山麓ジオパーク推進協議会事務局
〒989-5171　宮城県栗原市金成沢辺町沖200番地

栗原市役所　ジオパーク推進室内
TEL 0228-24-8836　FAX 0228-24-8810

13 ■ 磐梯山ジオパーク

◇2011, 09／—
◇福島県　猪苗代町、磐梯町、北塩原村
◇磐梯山ジオパーク協議会事務局
〒969-2701　福島県耶麻郡北塩原村大字桧原字剣ヶ峯1093-732（北塩原村自然環境活用センター内）
TEL 0241-32-3180　FAX 0241-32-2927

関　東

14 ■ 筑波山地域ジオパーク

◇2016, 09／—
◇茨城県　つくば市、石岡市、笠間市、桜川市、土浦市、かすみがうら市
◇筑波山地域ジオパーク推進協議会
〒305-8555　茨城県つくば市研究学園一丁目1番地1
つくば市役所　ジオパーク推進室内
TEL 029-883-1111（代表）　FAX 029-868-7640

15 ■ 浅間山北麓ジオパーク

◇2016, 09／—
◇群馬県　嬬恋村、長野原町
◇浅間山ジオパーク推進協議会事務局
〒377-1524　群馬県吾妻郡嬬恋村大字鎌原494-45
嬬恋村観光案内所内ジオパーク推進室

TEL 0279-82-5566　FAX 0279-82-5566

16 ■ 下仁田ジオパーク

◇2011, 09／—

◇群馬県　下仁田町

◇ジオパーク下仁田協議会事務局

〒370-2611　群馬県甘楽郡下仁田町大字青倉158-1
　　　　　　下仁田町自然史館内

TEL 0274-70-3070　FaX 0274-67-5315

17 ■ ジオパーク秩父

◇2011, 09／—

◇埼玉県　秩父市、横瀬町、皆野町、長瀞町、小鹿野町

◇秩父まるごとジオパーク推進協議会

〒368-0033　埼玉県秩父市野坂町1-16-15
　　　　　　秩父市役所　観光課内

TEL 0494-25-5209　FAX 0494-27-2627

18 ■ 銚子ジオパーク

◇2012, 09／—

◇千葉県　銚子市

◇銚子ジオパーク推進協議会事務局

〒288-0031　千葉県銚子市前宿町1046
　　　　　　銚子市青少年文化会館内

TEL 0479-24-8911　FAX 0479-21-6622

19 ■ 箱根ジオパーク

◇2012, 09／—

◇神奈川県　箱根町、小田原市、真鶴町、湯河原町、南足柄市
◇箱根ジオパーク推進協議会
事務局（箱根町　企画課　ジオパーク推進室）
〒250-0398　神奈川県足柄下郡箱根町湯本256
箱根町企画観光部企画課ジオパーク推進室内
TEL 0460-85-9560　FAX 0460-85-7577

20■伊豆大島ジオパーク
◇2010, 09／—
◇東京都　大島町
◇伊豆大島ジオパーク推進委員会事務局
〒100-0101　東京都大島町元町1-1-14
大島町役場　政策推進課内
TEL 04992-2-1444　FAX 04992-2-1371

中　部

21■佐渡ジオパーク
◇2013, 09／—
◇新潟県　佐渡市
◇佐渡ジオパーク推進協議会事務局
〒952-0206　新潟県佐渡市畑野甲533番地
佐渡市役所畑野行政サービスセンター4階
TEL 0259-66-4160　FAX 0259-66-4165

22■◆糸魚川ジオパーク
◇2008, 12／2009, 08)
◇新潟県　糸魚川市

◇糸魚川ジオパーク協議会事務局（糸魚川市ジオパーク推進室内）
〒941-8501　新潟県糸魚川市一の宮1-2-5
TEL 025-552-1511　FAX 025-552-7372

23■苗場山麓ジオパーク
◇2014, 12／—
◇新潟県　津南町、長野県栄村
◇苗場山麓ジオパーク振興協議会事務局（ジオパーク推進室）
〒949-8201　新潟県中魚沼郡津南町大字下船渡乙835
農と縄文の体験実習館内
TEL 025-765-1600　FAX 025-765-5511

24■立山黒部ジオパーク
◇2014, 08／—
◇富山県　富山市、魚津市、滑川市、黒部市、舟橋村、上市町、立山町、入善町、朝日町
◇一般社団法人立山黒部ジオパーク協会事務局
〒930-0856　富山県富山市牛島新町5-5
タワー111ビル1階
TEL 076-431-2089　FAX 076-482-3204

25■白山手取川ジオパーク
◇2011, 09／—
◇石川県　白山市
◇白山手取川ジオパーク推進協議会
〒924-8688　石川県白山市倉光2-1
白山市役所　ジオパーク・エコパーク推進室内
TEL 076-274-9564　FAX 076-274-9546

26 ■ **恐竜渓谷ふくい勝山ジオパーク**

◇2009, 10／—

◇福井県　勝山市

◇恐竜渓谷ふくい勝山ジオパーク推進協議会

〒911-8501　福井県勝山市元町1-1-1

勝山市役所ジオパークまちづくり課内

TEL 0779-88-8126　FAX 0779-88-1119

27 ■ **南アルプス（中央構造線エリア）ジオパーク**

◇2008, 12／—

◇長野県　飯田市、伊那市、富士見町、大鹿村

◇南アルプス（中央構造線エリア）ジオパーク協議会

〒396-8617　長野県伊那市下新田3050　伊那市　商工観光部観光課　エコパーク・ジオパーク推進係

TEL 0265-96-8147　FAX 0265-78-4131

28 ■ **◆伊豆半島ジオパーク**

◇2012, 09／2018, 04

◇静岡県　沼津市、熱海市、三島市、伊東市、下田市、伊豆市、伊豆の国市、東伊豆町、河津町、南伊豆町、松崎町、西伊豆町、函南町、清水町、長泉町

伊豆半島ジオパーク推進協議会事務局

〒410-2416　静岡県伊豆市修善寺838-1 修善寺総合会館内

TEL 0558-72-0520　　FAX 0558-72-1355

近　畿

29■南紀熊野ジオパーク

◇2014, 08／―

◇和歌山県　新宮市、白浜町、上富田町、すさみ町、那智勝浦町、太地町、古座川町、北山村、串本町、奈良県十津川村

◇南紀熊野ジオパーク推進協議会事務局

〒640-8585　和歌山県和歌山市小松原通1-1

和歌山県自然環境室内

TEL 073-441-2780　FAX 073-433-3590

30■ ◆山陰海岸ジオパーク

◇2008, 12／2010, 10）

◇京都府　京丹後市

◇兵庫県　豊岡市、香美町、新温泉町

◇鳥取県　岩美町、鳥取市

山陰海岸ジオパーク推進協議会事務局

〒668-0025　兵庫県豊岡市幸町7-11（兵庫県豊岡総合庁舎）

TEL 0796-26-3783　FAX 0796-26-3785

中国・四国

31■ ◆隠岐ジオパーク

◇2009, 10／2013, 09）

◇島根県　隠岐の島町、西ノ島町、海士町、知夫村

◇隠岐ジオパーク推進協議会事務局

〒685-8601　島根県隠岐郡隠岐の島町港町塩口24

島根県隠岐支庁3階

TEL 08512-3-1321　FAX 08512-3-1322

32■島根半島・宍道湖中海ジオパーク

◇2017, 12／―

◇島根県　松江市、出雲市

◇松江市役所地域振興課　国引きジオパーク推進室

〒690-8540　島根県松江市末次町86番地

TEL 0852-55-5399　FAX 0852-55-5665

◇出雲市役所政策企画課

〒693-8530　島根県出雲市今市町70番地

TEL 0853-21-6612　FAX 0853-21-6729

33■Mine秋吉台ジオパーク

◇2015, 09／―

◇山口県　美祢市

◇Mine秋吉台ジオパーク推進協議会事務局

〒754-0511　山口県美祢市秋芳町秋吉1237-862

◇カルスター（Mine秋吉台ジオパークセンター）

TEL 0837-63-0055　FAX 0837-63-0089

34■四国西予ジオパーク

◇2013, 09／―

◇愛媛県　西予市

◇四国西予ジオパーク推進協議会

〒797-8501　愛媛県西予市宇和町卯之町三丁目434番地1
西予市役所　まちづくり推進課内

TEL 0894-62-6403　FAX 0894-62-6574

35■ ◆室戸ジオパーク

◇2008, 12／2011, 09)

◇高知県　室戸市

◇室戸ジオパーク推進協議会

〒781-7101　高知県室戸市室戸岬町1810-2

室戸世界ジオパークセンター

TEL 0887-22-5161　FAX 0887-23-1618

九　州

36■ おおいた姫島ジオパーク

◇2013, 09／—

◇大分県　姫島村

◇おおいた姫島ジオパーク推進協議会

〒872-1501　大分県東国東郡姫島村1671-1

時と自然の希跡ジオパーク　天一根

TEL 0978-87-2266　FAX 0978-87-2288

37■ おおいた豊後大野ジオパーク

◇2013, 09／—

◇大分県　豊後大野市

◇豊後大野市役所　商工観光課

〒879-7198　大分県豊後大野市三重町市場1200

豊後大野市役所　商工観光課内

TEL 0974-22-1001　FAX 0974-22-3361

38■ ◆島原半島ジオパーク（2008, 12／2009, 08）

◇長崎県島原市、雲仙市、南島原市

◇島原半島ジオパーク協議会事務局
〒855-0879　長崎県島原市平成町1-1　がまだすドーム内
TEL 0957-65-5540　FAX 0957-65-5542

39 ■ ◆阿蘇ジオパーク
◇2009, 10／2014, 09)
◇熊本県　阿蘇市、南小国町、小国町、産山村、高森町、南阿蘇村、西原村、山都町
◇阿蘇ジオパーク推進協議会　推進室
〒869-2232　熊本県阿蘇市赤水1930-1
阿蘇火山博物館1階
TEL 0967-34-2089　FAX 0967-34-2090

40 ■天草ジオパーク
◇2014, 08／—
◇熊本県　天草市、上天草市、苓北町
◇天草市役所別館　ジオパーク推進室
〒863-0023　熊本県天草市中央新町15-7
天草宝島国際交流会館ポルト2階
TEL 0969-32-6778　FAX 0969-23-5312

41 ■霧島ジオパーク
◇2010, 09／—
◇宮崎県　都城市、高原町、小林市、えびの市
◇鹿児島県　曽於市、霧島市
◇霧島ジオパーク推進連絡協議会
〒899-4394　鹿児島県霧島市国分中央3-45-1
霧島市商工観光部霧島ジオパーク推進課内

TEL 0995-64-0936　FAX 0995-64-0958

42■**桜島・錦江湾ジオパーク**

◇2013, 09／―

◇鹿児島県　鹿児島市

◇桜島・錦江湾ジオパーク推進協議会事務局

〒892-8677　鹿児島県鹿児島市山下町11-1
鹿児島市役所　ジオパーク推進室内

TEL 099-216-1313　FAX 099-216-1320

43■**三島村・鬼界カルデラジオパーク**

◇2015, 09／―

◇鹿児島県　三島村

◇三島村ジオパーク推進連絡協議会

〒892-0821　鹿児島市名山町12番18号　三島村役場
定住促進課

TEL 099-222-3141　FAX 099-223-1832

※すぐお隣りの島根県のジオパークを紹介します

■**島根半島・宍道湖中海ジオパーク**

◇アクセス：松江駅／出雲市駅

島根半島に守られて形成された、広大な出雲平野と宍道湖・中海。そこには豊かな自然や生態系が築かれ、人々もまた生活を営んだ。「国引き神話」をはじめとする古代出雲の文化は、まさにこの地によって育まれた。今目にしている風景は、神話の人々が見た風景でもある。

【島根半島エリア】

◇灯台が聳える「日御碕の柱状節理」

出雲日御碕灯台は日本一高い43．65m

◇神の力比べで出来た「礫島」

『古事記』にもある岩の投げ合い

◇瀬崎の「ヒョウタン池」

自然のいたずら

◇ハーンも描いた「加賀の潜戸」

亡くなった子供が石を積み上げるといわれている

◇須々海海岸の「洗濯岩」

白黒の縞模様が広がる

【出雲平野・宍道湖・中海低地帯エリア】

◇出雲大社の神迎え「稲佐の浜」

弁天島にはトヨタマヒコノミコトがまつられる

◇8キロの海岸砂丘「薗の長浜」

『出雲国風土記』の国引き神話にある網の跡とされている

◇涅槃仏のシルエット「嵩山」と「和久羅山」

宍道湖側からの姿は「寝仏さん」、中海側からは「キューピーさん」と呼ばれている

◇日本夕日100選「嫁ヶ島」

宍道湖唯一の島　若槻礼次郎が植樹した松林が夕日を浴びる

◇大根島の「溶岩トンネル」

天然記念物「竜渓洞」と国の特別天然記念物「幽鬼洞」

【南部丘陵山地エリア】

◇目田森林公園の「鬼の腰掛け岩」

高さ4m、横幅12mの巨石　周辺には鬼の伝説が伝わる 「鬼の首岩」など

歩きたい！　山陰ジオパーク

＊本書で取り上げた伝説地

■**嶋児神社**　京都府京丹後市網野町浅茂川

（京都丹後鉄道宮豊線網野駅から車で10分）

「丹後風土記」に伝えられる浦島太郎（浦嶋子）伝説の地。漁港の突端にあり、嶋子が祭神とされる。付近には竜宮城から帰り着いた場所とされる「万畳浜」、玉手箱を開けて年老いた顔のしわを取って投げたとされる「しわ榎」、釣った魚を放していたと言われる干潟「釣溜」がある。

■**久美浜湾**　京都府京丹後市久美浜町

（丹鉄久美浜駅から車で1分、徒歩約12分）

砂州により日本海と隔てられた周囲28kmの潟湖。周囲には公園、キャンプ場、ゴルフ場、◇寺社、温泉などがあり、四季それぞれの自然を楽しむことができる。湾に面した日本海沿岸には白砂の砂浜や砂丘が形成されている。
京都府内で唯一のオオハクチョウの飛来地でもある。

■**湖山池**　鳥取県鳥取市

（「JR鳥取駅からバスで25分）

沿岸部の湖山砂丘の発達により形成された潟湖。周囲は18キロメートル、面積は639平方キロメートルあり、国内の池では日本一の大きさである。多数の小島が浮かび、最大の青島には湖岸から架橋されており行楽地として人気がある。石がま漁という全国的に珍しい漁法が冬季に行われている。石の隙間に潜む魚を棒でつつき追い込み捕獲する方法で、県指定無形民俗文化財に指定されている。

■**琴引浜**　京都府京丹後市網野町掛津

（網野駅からバス11分「琴引浜」下車、徒歩10分）

美しい白浜が1、8kmにわたり続いている。歩くと砂がキュッキュッという音がする。国指定の名勝であり、天然記念物に指定されている。浜の鳴砂を形成する仕組みとエリアが指定された。海上海中の立体的な記念物としては初めてのことである。

■**丹池（勝田池）**　京都府京丹後市網野町俵野

（京丹後鉄道夕日ヶ浦木津温泉から徒歩10分）

周囲を山に囲まれた広さ2haの池。伝説の最後にあるように大蛇の血によって池の水が赤くなったことに由来する。この池の名が国名の起源となったと伝えられている。丹波を二分し北の一端を丹後と名付けた。

■**立岩**　京都府京丹後市丹後町間人

（丹鉄「網野」から丹海バス30分「丹後庁舎前」下車、徒歩約7分）

周囲1kmにもおよぶ柱状の割れ目をもった巨大な黒い岩石。その巨大さから地域のシンボルとされる。割れ目は「柱状節理」と

呼ばれ、地層中に入ったマグマが冷え固まるときにできる。白い砂浜とのコントラストが晴天の日はとくに映えて美しい。日本でも数少ない自然岩の一つである。

■**城崎温泉**　兵庫県豊岡市城崎

（JR山陰本線城崎温泉駅下車すぐ）

平安時代から知られている1300年の歴史を持つ温泉。有馬温泉、湯村温泉と共に兵庫県を代表する温泉である。旅館を客間、道路を廊下、外湯を浴場とし、町全体をひとつの宿に見立てている。7つの外湯をゆかた姿でめぐる「外湯めぐり」が名物。

■**木津温泉**　京都府京丹後市網野町木津

（夕日ヶ浦木津温泉秋から徒歩約2分）

別名「しらさぎ温泉」と呼ばれ、京都府内で最も古い温泉として知られる。行基が人々にこの温泉につかるように説いて廻り、疫病から救ったと伝えられている。

■**灘千軒（伝承地）**

（玄武洞周辺 兵庫県豊岡市城崎から豊岡駅周辺までの円山川一帯）

円山川は68キロメートルで兵庫県で5番目の長さであり、流域面積は1300平方キロメートルで県内では2番目。下流域の豊岡盆地は、旧但馬国の時代最大の平地だった。

■**玄武洞**　兵庫県豊岡市赤石1339

（JR城崎温泉からタクシーで5分）

味取の俵石と同じ柱状節理である。160万年前に起こった火山活動によって、山頂から流れ出したマグマが冷えて固まる時に規則正しいきれいな割れ目が生成された。6000年前に波に洗わ

れて姿を現し、人が石を取ったために洞となったものである。無数の六角形の玄武岩が積み上げられて不思議な景観を作り出している。

■**味取の俵石**　兵庫県美方郡香美町村岡区味取

（**JR鳥取駅から車で約70分**）

味取火山の溶岩崖に見られる。約22万年前に流失したと言われる味取火山の玄武岩である。幅約70メートル、高さ約20メートルにわたって柱列が立ち並ぶ迫力ある景観である。溶岩が冷え固まる際、六角形の柱状節理ができた。

■**白兎海岸**　鳥取県鳥取市白兎

（**JR鳥取駅からバス35分、「白兎神社前」下車**）

日本の渚百選、恋人の聖地に選ばれている白砂と夕日が美しい海岸。西端には気多之前が突出し、淤岐之島が150メートル程沖合にある。展望台からの眺めは絶景である。和邇の背にみえるいくつかの岩は波食棚といい、干潮時に海面上にあらわれる。島の頂上には黒松が植えられている。沖の平坦なところは千畳敷と言われている。

■**白兎神社**　鳥取県八頭郡八頭町福本字向前田

（**因美線郡家駅徒歩10分、駅の観光協会で自転車を借りることもできる**）

隣を福本川が流れ、畑の中心に遷座している福本の村社。創立年代は不明だが鳥居の額には文政7年（1824）とある。第五十五代仁明天皇の在位期間（833〜850年）に叙位、奉幣があったと伝えられている。白兎伝説についての解説が記された看板が境内に建てられている。

＊その他

京丹後市

■京都府京丹後市久美浜町甲山

（京都丹後鉄道宮豊線かぶと山駅から徒歩で40分）

■かぶと山展望台

久美浜湾のほとりにある標高191.7兜山の頂上にある。久美浜湾と小天橋、日本橋一帯の絶景をを眺めることができる。

■琴引浜鳴き砂文化館　京都府京丹後市網野町掛津1250

（丹後鉄道宮津線網野駅からバスで10分、琴引浜下車）

鳴き砂をテーマにした文化館。人と自然とのかかわりや海の環境保全について学ぶことができる。音実験装置に触れたり、鳴き砂を利用した音楽を奏でる体験等ができます。売店では流木で作られた椅子や、シーグラスで作られたランプシェード、貝殻のフォトフレーム等も販売されている。

豊岡市

■気比の浜　兵庫県豊岡市気比

（城崎温泉駅から車で10分）

日本海に注ぐ円山川と気比川に挟まれた遠浅の砂浜である。マリンスポーツやオートキャンプ等、毎年多くの人々でにぎわう。静かな岩場もあり釣りも楽しめる。周辺には民宿が多く、ファミリーには特に人気がある。

■北前館・北前船資料室　兵庫県豊岡市竹野町竹野50-12

（竹野駅からバスで5分）

江戸時代に日本海を航海した北前船の歴史や文化を学ぶことができる施設。船の模型や戦艦札、船絵馬等貴重な資料を多く展示している。日本海を一望できる温泉「誕生の湯」、種類豊富な特産品コーナーもある。

香美町

■窓島（めがね島）　兵庫県美方郡香美町香住区

（JR香住駅から全但バス（相谷行き）一日市橋下車、遊覧船）

火砕岩層からなる島。島の中央に二つの洞門ができた奇岩。二つの穴は底の高さが異なっていて、高いほうの洞門は海面が今より高い頃にできたと考えられている。

■釣鐘洞門兵　庫県美方郡香美町余部

（山陰本線香住から全但バスで「一日市」下車）

二つの洞門の交わった部分が、釣鐘の形をしている。洞門内の高さが32メートル、直径30メートル、広さ320平方メートル、水深10メートル、海食洞としては世界最大級。

■大乗寺（應擧寺《おうきょでら》）　兵庫県美方郡香美町香住区森860

（JR香住駅からバスで5分）

天平17年（745年）に行基菩薩によって開かれた高野山真言宗の寺。全てが国の重要文化財に指定されている、江戸時代中期の画家・圓山応挙とその一門による障壁画165面を収蔵している。応挙最晩年の作品が残っていることで知られる。

新温泉町

■**三尾大島（但馬御火浦）**　兵庫県美方郡新温泉町三尾

（浜坂港から船で30分）

香味町と新温泉町にある、香住海岸西端の伊笹岬から浜坂海岸東端の観音山の間の約8キロメートルの岩礁海岸。高さ60メートル、周囲約1キロメートル。日本海の荒波によって形成された岸壁の柱状節理は圧巻である。海食洞、岩脈、奇岩など様々な海食地形の景勝地で、国指定名勝、天然記念物に指定されている。小型漁船で巡る「海上タクシー」があり、「青の洞門」の中に入ると透き通ったブルーの海水が神秘的。

■**西ノ洞門**　兵庫県美方郡新温泉町芦屋字イモチウラ105番地先

（JR山陰本線諸寄駅）

諸寄湾の西に位置する、長さ5メートル、高さ2メートル、深さ4メートルの洞門。岩脈に沿って浸食され形成された。町の文化財天然記念物に指定されている。諸寄港をはさみ東ノ洞門がある。

■**新温泉町山陰海岸ジオパーク館**　兵庫県美方郡新温泉町芦屋字水尻

（JR山陰本線　浜坂駅から徒歩で15分）

山陰海岸国立公園及び山陰海岸ジオパークをテーマとした学習施設、資料館。山陰海岸の地形模型「山陰海岸ジオパークジオラマ」が設置されている。「ジオストーリーコーナー」では概要や成り立ちを説明したパネルが展示してあり、「山陰海岸ジオサイト」にはさまざまな岩石、化石標本もある。

岩美町

■浦富海岸　鳥取県岩美郡岩美町浦富

（JR鳥取駅から日交バス「岩井温泉行き」岩美駅下車）

日本海の荒波と季節風によって白い花崗岩の岩が削られてできた、複雑な岩石海岸。駟馳山から陸上岬まで続く海岸は時間帯によって変化を見せる。菜種五島、千貫松島、鴨ヶ磯、竜神洞等、特徴的な景観を楽しめる。遊歩道も整備されており、とても透明度が高い海を一望することができる。

■駟馳山　鳥取県鳥取市岩美町

日本海に面した、鳥取市と岩美町にまたがる標高314メートルの山。北側の山腹には海食崖や波食棚が発達しており、中国自然歩道が設けられている。新第三紀中新世の鳥取層群荒金砕岩層と駟馳山砂岩泥岩層を基盤に、鮮新世の溶岩が覆ってできた。周囲の古墳の石室に駟馳山の石が使われるなど、古くから人々との深いつながりがあります。

■山陰海岸ジオパーク海と大地の自然館

鳥取県岩美郡岩美町牧谷1794-4

（岩美駅より町営バス「田後・陸上行き」、山陰海岸学習館前下車）

山陰海岸ジオパークの魅力をさまざまな資料や映像で紹介している。体験学習コーナーでは山陰海岸の鳴り砂や岩石、貝殻等を観察することが出来る。一年を通して野外観察会、自然講座も行っている。

鳥取市

■**鳥取砂丘**　鳥取県鳥取市福部町湯山

（JR鳥取駅よりバス鳥取砂丘行き　鳥取砂丘バス停下車）

東西16キロメートル、南北約2.4キロメートルにわたる日本一大きい海岸砂丘。起伏の大きな三列の砂丘列があり、中心部は国内唯一の天然記念物に指定されている。らくだ遊覧、パラグライダー体験、サンドボード体験等ができる。ここでしかできない「砂丘YOGA」も行われおり、大地と海のパワーを感じることができる。

■**砂の美術館**　鳥取県鳥取市福部町湯山2083－17

（JR鳥取駅からバスで20分）

砂を素材とした彫刻作品「砂像」を展示する美術館。毎年海外各国から砂像彫刻家を招き、世界最高レベルの砂像を展示している。「砂で世界旅行」をコンセプトとし、毎年テーマを変えて展示をしている。作品の精巧さや迫力だけでなく、限られた展示期間が終わると砂へとかえっていく儚さも砂像の魅力である。

■**わらべ館**　鳥取県鳥取市西町3丁目202

（JR鳥取駅からバスで5分）

1989年鳥取・世界おもちゃ博覧会の成功を顕彰するために開館した童謡・唱歌とおもちゃのミュージアム。鳥取県立童謡館と国内外のおもちゃ約2000点を展示する鳥取市立鳥取世界おもちゃ館からなる複合文化施設で、県民市民に広く親しまれている。再現された茅葺屋根の民家では影絵と共になつかしいわらべうたが流れ、おもちゃ研究所では動くからくりおもちゃで遊ぶことができる。